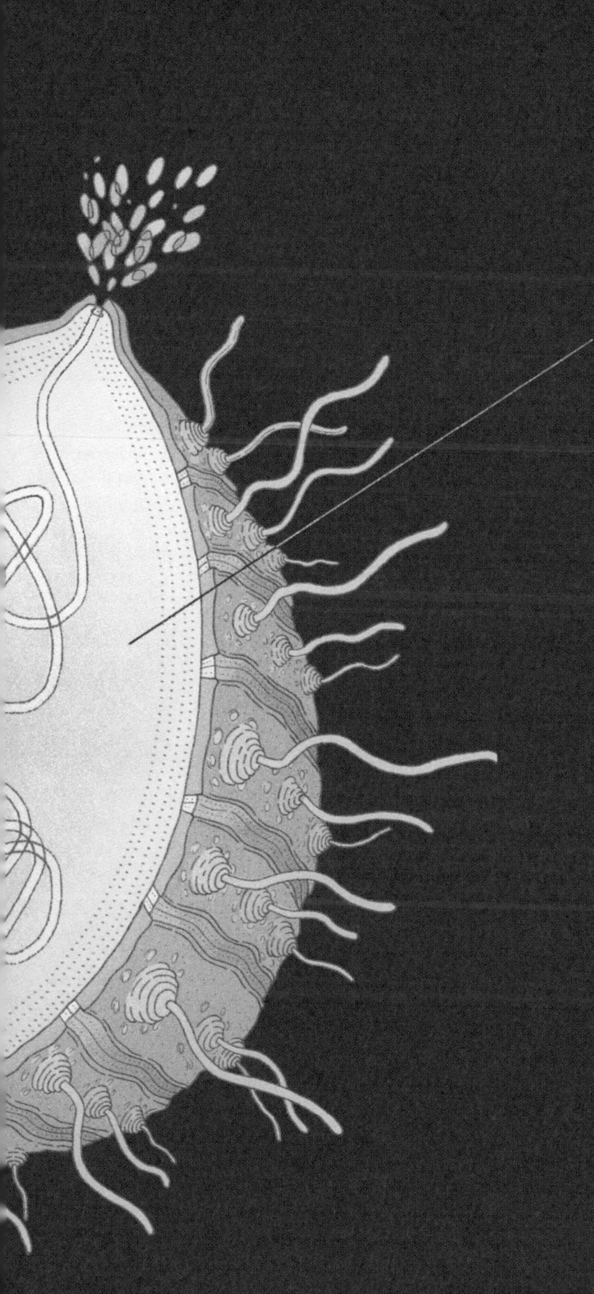

과학의 놀라운 신비 75가지

THE WHERE 어디서

THE WHY 왜

AND THE HOW 어떻게

과학의 놀라운 신비 75가지

머리말
데이비드 맥컬레이

지은이
제니 볼봅스키
줄리아 로스먼
매트 라모스

옮긴이
권예리

이숲

과학의 놀라운 신비 75가지 – 어디서, 왜, 어떻게
1판 1쇄 발행일 2015년 5월 20일
1판 2쇄 발행일 2015년 8월 20일
지은이 제니 볼봅스키 · 줄리아 로스먼 · 매트 라모스
옮긴이 권예리
펴낸이 임왕준
편집인 김문영
펴낸곳 이숲
등록 2008년 3월 28일 제301-2008-086호
주소 서울시 중구 장충단로 8가길 2-1
전화 2235-5580 팩스 6442-5581 Email esoope@naver.com
ISBN 979-11-85967-17-2 03400 © 이숲, 2015, printed in Korea.

▶ 이 도서의 국립중앙도서관 출판예정도서목록(CIP)은 서지정보유통지원시스템 홈페이지(http://seoji.nl.go.kr)와 국가자료공동목록시스템(http://www.nl.go.kr/kolisnet)에서 이용하실 수 있습니다. (CIP제어번호 : CIP2015010867)

"하지만 답을 몰라도 괜찮다. 뭐가 뭔지 모른다고 해서, 신비로운 우주에서 목적 없이 길을 잃었다고 해서 무섭지는 않다. 내가 아는 한 우주에는 원래 목적이 없다. 그런 건 전혀 무섭지 않다."

- 리처드 파인만

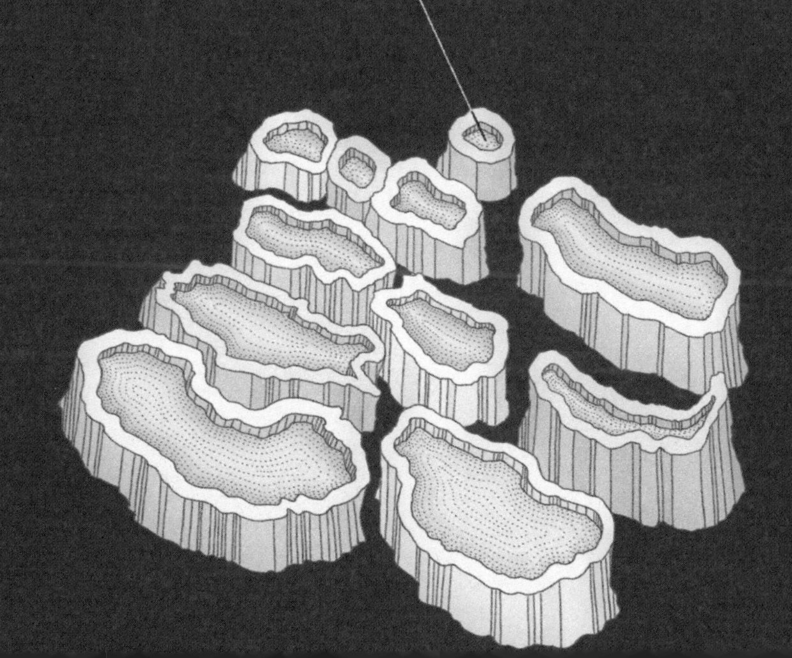

차례

카날레토(Canaletto)는 17세기 베네치아의 화가이자 판화가였다. 당대
화가들과 마찬가지로 카날레토도 세부사항이 살아 있는 정밀한 작품
을 만드는 데 '카메라 옵스쿠라(camera obscura)'라는 장치를 자주 사용
했다. 카메라 옵스쿠라는 방, 텐트, 나무 상자 같은 어두컴컴한 공간 한
쪽에 작은 구멍을 뚫은 장치였다. 원하는 장면에서 반사된 빛이 구멍을
통과하면 반대편 벽이나 표면에 상이 거꾸로 맺혔다.
역사가 수백 년에 이르는 이 광학 현상은 아래 그림에서 보듯이 예술과
거리가 먼 목표를 추구하는 데에도 유용했다.

전구를
갈아 끼우는
카날레토
예술과 과학의
교차로에서
데이비드
맥컬레이

알이 완벽한 구형이라면 둥지에서 벗어났을 때 멀리 굴러가버릴 것이다. 하지만 형태가 비대칭인 타원형이라면 제자리에서 작은 원을 그리며 빙빙 돌 뿐이어서 둥지에서 벗어나도 잃어버릴 확률이 낮다. 또한 타원형 알은 둥지 안에서 구형 알보다 서로 가까이 붙어서 온기를 나눈다.*

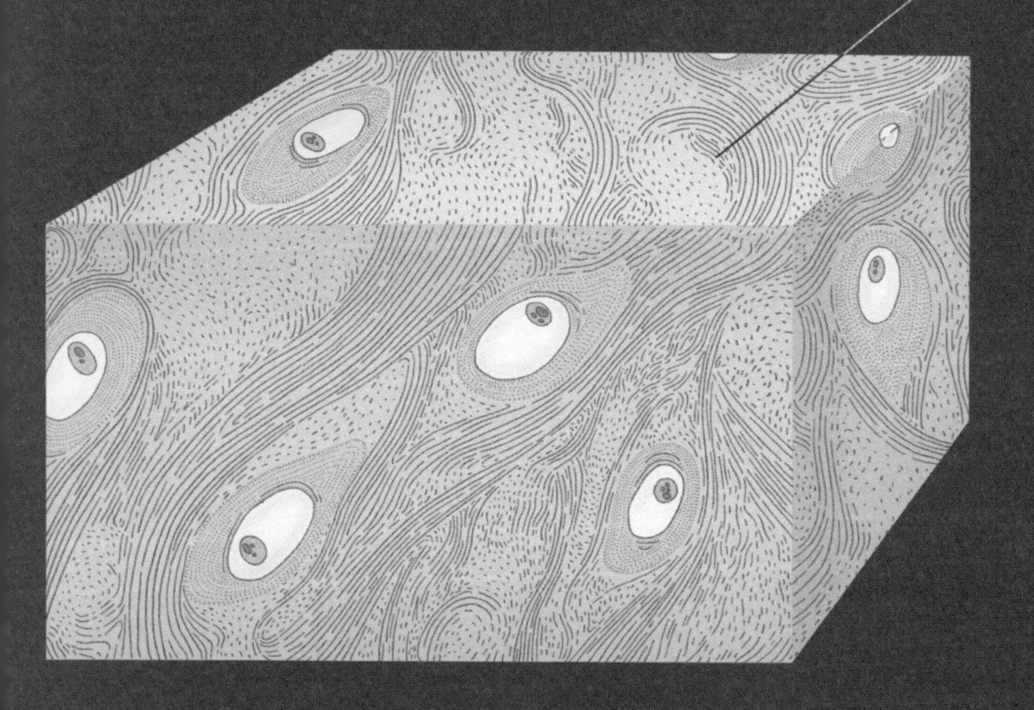

들어가며

오늘날 우리는 정보가 너무 많아서 문제가 심각한 시대에 살고 있습니다. 손에 들고 있는 기계는 호주머니에 들어갈 정도로 작지만 인류의 모든 지식을 담고 있습니다. 궁금한 것이 있어도 구글에서 검색하면 금세 답을 찾을 수 있습니다.

얼마 전 일입니다. 달리는 차 안에서 대화가 한창일 때 '달걀은 왜 달걀처럼 생겼는가?'라는 질문이 나왔습니다. 우리는 달걀의 모양에 진화와 관련된 어떤 목적이 있는지에 대해 몇 분 동안 목청을 높여가며 각자 주장을 내세웠습니다. 그러다가 누군가가 휴대전화로 위키피디아를 검색해서 단 몇 분 만에 의문을 풀어버렸습니다. 그가 앞자리에서 정답*(왼쪽 페이지)을 큰 소리로 읽는 동안 뒷자리에 앉은 사람들은 조용히 귀를 기울였습니다. 흥미진진한 내용이었죠.

덕분에 우리는 새로운 사실을 배웠지만, 그가 정답을 읽자마자 토론하던 목소리는 금세 잦아들었습니다. 다들 위키피디아의 답이 옳다고 고개를 끄덕였고 대화는 다른 주제로 넘어갔습니다. 답을 모르는 채 궁금해하며 엉뚱한 추측을 내놓던, 신 나는 시간은 3G 네트워크가 끼어들면서 곧바로 끝나버렸습니다.

다행히도 이 세상에는 마우스 클릭 몇 번으로 완전히 설명할 수 없는 불가사의한 사실들이 아직 많습니다. 이 책에서 우리는 정보화 시대에 사라진, 미지의 대상을 마주하는 기분을 되살리고 싶었습니다. 과학자들은 대단히 많은 것을 알아냈지만, 아직 이론에 머무는 내용도 많고 상반되는 여러 가지 이론이 나와 있는 주제도 있습니다. 우리는 오십 명이 넘는 인류학자와 물리학자, 바이러스를 연구하는 과학자와 지구 중심부를 연구하는 과학자들을 섭외했습니다. 이들은 고맙게도 우리 작업에 참여하여 아직 해결되지 않은 의문과 관련된 이론들을 설명해주었습니다.

우리는 현대 과학이 발달하기 전에 사용했던 오래된 표와 도식을 들춰보다가 영감을 받아 이 책을 기획하게 되었습니다. 아름답지만 틀린 부분이 있는 일본 에도 시대의 해부도도 있었고, 혈액 세포의 구조를 자세히 그려놓은 1950년대 교과서의 멋진 그림도 있었습니다. 사람들은 오래전부터 이렇게 시각적으로 독특한 그림을 통해 자연현상을 어떻게 이해하면 되는지를 널리 알리려고 했습니다.

우리는 화가 75명에게 과학자들이 내놓은 질문을 토대로 삽화나 표를 만들어 달라고 부탁했습니다. 이 과학 주제들은 아직 정답이 없는 질문이므로, 화가들은 각각의 주제를 그들 나름대로 자유롭게 탐색할 수 있었습니다. 우리는 정보를 전달하는 그림을 능숙하게 그릴 것 같은 삽화가, 만화가, 순수미술가, 디자이너를 초대했고, 그중에는 이미 잘 알려진 사람도 있고 막 떠오르는 샛별도 있었습니다. 우리는 화가들의 포트폴리오를 자세히 검토하고 나서 각자의 작품에 어울리는 과학 주제에 화가들을 할당했습니다.

우리는 이 책을 읽는 독자 여러분이 흥미로운 사실들을 알게 되기를 바랄 뿐 아니라 아직 결론이 나지 않은 주제에 관해 스스로 생각하는 과정을 즐기기를 바랍니다. '수리부엉이(horned owl; *Bubo virginianus*)'의 뿔이 어떻게 생겼는지 온라인으로 검색하기 전에, 얼마간 혼자서 궁리하는 시간을 보내는 것은 어떨까요?

지은이 / 제니 볼봅스키,
줄리아 로스먼,
매트 라모스

QUESTION / 1

지구는 왜 초록색일까?

지구는 초록색이다. 어디를 봐도 초록 식물이 있다. 열대우림에서부터 고지대 사막에 이르기까지 식물은 당당히 군림한다. 그런데 여기서 의문이 생긴다. 동물의 먹거리인 식물은 왜 양적으로 줄어들지 않고 이토록 많이 있는 것일까? 예를 들어 초식동물인 다람쥐나 토끼는 각각 포식자에 잡아먹혀 개체 수가 조절되므로 온 지구를 뒤덮지 않았는데, 식물의 개체 수는 왜 조절되지 않고 지구를 덮어버릴 정도로 많아진 것일까?

'초록 지구' 문제를 설명하는 가설이 몇 가지 있다. 일부 연구자는 식물이 화학적·물리적 방어 전략을 개발하여 맛없어지는 데 탁월한 능력을 갖춘 덕분에 포식자에게 덜 먹힌다고 생각한다. 또한, 초식동물이 식물의 방어 전략을 무력화하는 쪽으로 적응하면서 진화하는 속도보다 식물이 새로운 방어 전략을 활용하는 속도가 더 빠르다는 것이다. 생태계 먹이사슬에서 최상위 포식자를 제거한 최근 실험에서는 최상위 포식자가 초식동물 개체 수를 낮게 유지하게 하여 식물이 덜 포식되기에 지구가 초록색일 수 있다고 밝혔다.

완전한 이론이 나오려면 아마도 두 가설을 통합해야 할 것이다. 식물은 훌륭한 방어 전략을 더 빨리 개발하면서 진화 경쟁에서 초식동물을 추월하고, 동시에 최상위 포식자는 초식동물 개체 수를 비교적 적게 유지한다.

글 / 그림

알렉산더 거션슨 박사
에코시프트 컨설팅社 공동대표,
산호세 대학 겸임교수

미카 리드버그
www.micahlidberg.com

QUESTION / 2

기후 변화보다 진화가 더 빨리 일어날 수 있을까?

진화는 유전되는 어떤 특성 덕분에 특정 환경에서 그 특성이 있는 개체만이 선택적으로 살아남을 때 일어난다. 런던의 산업 발달이 일으킨 대기오염에 반응하여 수 세대에 걸쳐 몸 색깔이 변화한 것으로 유명한 흰색가지나방 사례에서 볼 수 있듯이 환경이 변화하면서 어떤 특성이 있는 개체가 다른 개체보다 생존에 더 유리해질 수 있다. 변화하는 환경에 적응해야 하는 생물 종이 겪는 가장 큰 어려움은 환경이 변화하는 속도에서 온다. 기후 변화의 경우에는 대부분 생물 종이 적응하는 데 필요한 시간보다 훨씬 짧은 기간에 기후가 결정적으로 변하리라는 것을 예견하게 해주는 징후들이 있다. 지금까지 일어난 기후 변화의 규모와 앞으로 1백 년 동안 추정한 변화의 속도를 따져보면 한 세대의 길이가 길거나 번식 속도가 느리거나 서식지 이동 능력이 제한된 일부 생물 종은 기후 변화에 전혀 적응하지 못할 것이 틀림없다. 어떤 경우에는 시에라네바다 산맥 남부의 캘리포니아 고산 초원과 같은 생태계 전체가 완전히 사라지거나 현저하게 줄어들 것으로 예상된다.

다행히 몇몇 생물 종은 변화하는 환경에서 생존할 확률을 높이는 서식지 이동이나 우성 유전형의 전환을 통해 충분히 빠르게 기후 변화에 적응할 수도 있다. 그러나 생물 종은 단독으로 살아가지 않는다. 생태계 공동체의 일부 생물 종이 성공적으로 기후 변화에 적응한다고 해도 개체 수가 현저히 줄어드는 종도 있을 터이므로 공동체의 구조가 변화하고 생물 다양성biodiversity이 줄어들 것이다. 과학자들이 예측한 바로는 이산화탄소 배출량을 최대로 계산한 시나리오에서 지구의 모든 생물 종 중에서 40~60퍼센트가 앞으로 1백 년 사이에 멸종 위기를 맞을 것이고, 그에 따른 생태계 공동체의 변화는 기후 변화에 잘 적응한 생물 종에도 영향을 미칠 것으로 알려졌다.

글 / 그림
알렉산더 거션슨 박사
에코시프트 컨설팅社 공동대표,
산호세 대학 겸임교수
옐레나 브릭센코바
www.yelenabryksenkova.com

회색가지나방
흰색가지나방 ▶

Biston betularia
f. carbonaria

Biston betularia
f. typica

QUESTION / 3

생명은 어디서 왔을까?

현재 과학계는 지구가 약 45억 년 전에 태어났고 최초의 생명체가 약 35억 년 전에 나타났다고 추정한다. 바다와 대기가 생긴 것은 이른바 '원시 수프primordial soup'에서 생명체가 창조되기에 좋은 조건이었다. 물이 있었고 높은 열과 높은 압력, 화산재에 들어 있거나 지구 바깥에서 날아온 다양한 원소들, 태양 복사 에너지, 천둥 에너지가 있었다. 무기물에서 생명체가 창조되는 과정을 '자연발생설abiogenesis'이라고 한다. 이처럼 최초의 생명체가 어떻게 생겨났는지를 설명하는 몇 가지 이론이 있다.

1952년 유명한 유리-밀러Urey-Miller 실험은 현재 자연 상태에서 존재하는 20가지 아미노산이 생성되었던 원시 지구 환경을 실험실 안에서 재현하려고 했다. 생명체는 기본적으로 단백질로 구성되었고, 아미노산은 단백질의 구성단위다. 유리와 밀러는 원시 지구에 존재했던 것으로 알려진 화합물인 물, 메탄, 암모니아, 수소 기체를 용기에 넣고 밀봉하여 가열했고, 번개를 모방하여 용기 안에 전기 스파크를 일으켰다. 그렇게 연구자들은 일주일 만에 20가지 아미노산이 각기 다른 농도로 하나도 빠짐없이 합성된 것을 발견했다. 이 실험은 원시 지구에 있었던 단순한 무기화합물에서 복잡한 유기화합물 분자가 합성되는 것이 가능하다는 사실을 입증했다.

현재 생명체의 자연발생설에는 RNA 세계 가설과 철-황 세계 가설이 있다. RNA 세계 가설은 원시 수프에 떠다니던 핵산 분자들이 서로 결합하여 RNA로 합성되었고, 이 RNA가 최초의 자가 복제 분자이자 생명체 발생과 관련된 화학반응의 촉매가 되었다고 주장한다. 실제로 우리 몸에는 촉매 역할을 하는 RNA가 아직 남아 있어서 RNA 세계 가설을 뒷받침한다. 철-황 세계 가설은 바다 깊숙한 곳의 아주 뜨거운 열수 분출공이 일부 금속성 암석 위에서 생명체를 창조하는 데 필요한 화학반응 원소와 에너지를 제공했다고 주장한다. 이는 유전 정보를 전달하는 능력보다 신진대사 작용이 먼저 발달했다는 가설이다.

최근 연구 결과는 새로운 방향을 제시한다. 예를 들어 원시 지구에서 RNA가 DNA로 전환하는 화학반응에 바이러스가 참여했을 수 있다. 생명체가 외계에서 왔다는 이론이나 지구 중심 깊은 곳에서 최초의 생명체가 탄생했다는 이론도 있다. 과학자들은 계속해서 이 수수께끼의 퍼즐 조각을 맞춰가고 있다. 아직 갈 길이 멀지만 지난 60년 사이 우리는 생명의 기원에 대해 상당히 많은 것을 알게 되었다.

글 / 그림
빅토리아 키너 박사 / 벤 와이즈먼
하와이 호놀룰루 동서문화연구소 연구원 / www.ben-wiseman.com

Primordial
SOUP

QUESTION / 4

공룡의 식성은 어떻게 정해졌을까?

영화나 텔레비전에 등장하는 공룡을 보면 동굴에 사는 원시인들을 즐겨 잡아먹었을 것만 같다. 그러나 공룡의 식단에 인간이 없었다는 사실만은 장담할 수 있다. 공룡은 최초의 인간이 지구에 태어나기 훨씬 전에 멸종했기에 과학자들조차도 공룡이 무엇을 어떻게 먹었는지 잘 모르고, 지금도 여러 종류의 화석 증거를 통해 정보를 수집하고 있는 상황이다.

그러나 화석이 된 공룡의 이빨과 뼈를 오늘날 살아 있는 파충류의 이빨과 뼈와 비교함으로써 여러 공룡의 식성을 대강 분류할 수 있었다. 예를 들어 티라노사우루스의 이빨은 육식동물인 코모도왕도마뱀의 이빨처럼 길고 얇은 칼 모양이고, 디플로도쿠스의 이빨은 초식동물인 소의 이빨처럼 평평하고 뭉툭하다. 그러나 육식공룡이 직접 사냥한 고기를 먹었는지, 버려진 썩은 고기를 찾아 먹었는지(어쩌면 동족의 고기를 먹었는지!), 초식공룡이 나뭇잎을 먹었는지, 풀을 먹었는지, 해초를 먹었는지는 아직도 모른다.

멸종한 생물의 식습관을 직접 관찰할 수는 없으므로 말 그대로 그들이 '남긴' 자료를 참고하는 수밖에 없다. 화석화된 공룡 똥인 분석(糞石)coprolite도 그런 자료에 속한다. 그러나 어느 공룡이 어느 분석을 배설했는지는 정확히 알 수 없다. 남은 음식물 화석에서 실마리를 얻을 수 있지만, 이 마지막 식사가 평소 먹던 음식인지 아니면 그 공룡을 죽음에 이르게 한 원인인지를 구분하기는 쉽지 않다. 공룡의 식성과 식습관 연구는 동물이 일반적으로 시간이 흐름에 따라 달라지는 환경 조건에 어떻게 적응하는지, 또는 어떻게 적응하지 못하는지를 이해하는 데 도움을 줄 것이다.

글 / 그림
마가렛 스미스 / 메그 헌트
뉴욕대학교 자연과학 전문사서, 문헌정보학 석사 / www.meghunt.com

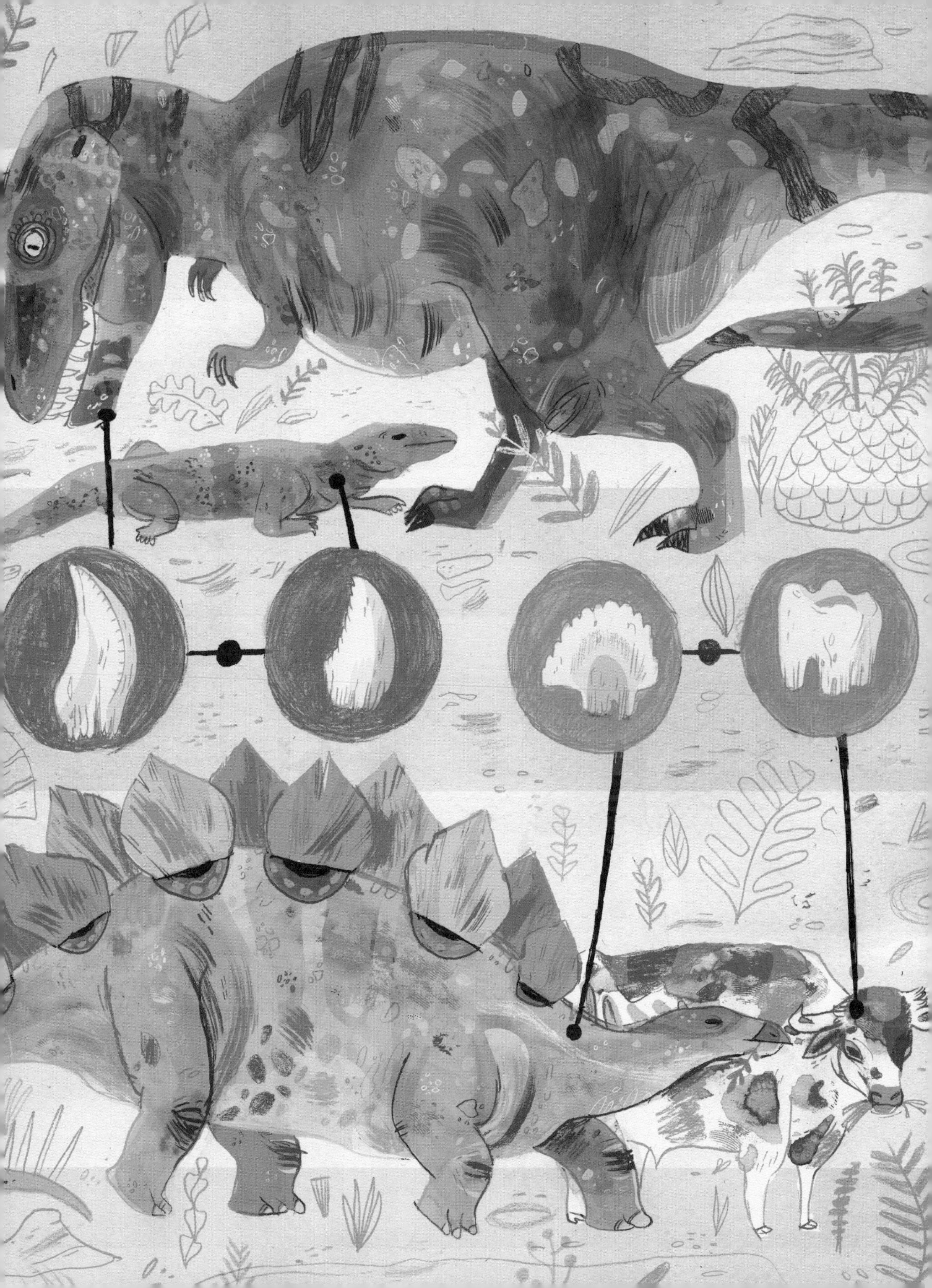

QUESTION / 5

빙하기는 왜 올까?

기후 측면에서 지구는 얼어붙은 화성과 불타는 금성 사이에 생명체가 서식할 수 있는 골디락스 영역*에 속한다. 그런데 지구 역사상 주기적으로 기후가 급변하여 지구 전체가 얼음으로 덮이고 생물 종이 대량으로 멸종하는 일이 가끔 있었다.

지구의 기후는 다양한 순환cycle의 지배를 받는데, 그중 일부가 지구 기온을 높이거나 낮춘다. 대부분 기온을 높이는 순환과 낮추는 순환이 서로 상쇄하는 식으로 음성 피드백** 효과를 내서 기후가 안정된다. 이와 대조적으로 어떤 순환은 진행될수록 스스로 강화된다. 예를 들어 지구 표면에 얼음이 많아지면 거울처럼 태양 복사 에너지를 반사하므로 지구는 더 추워진다. 이렇게 스스로 강화되는 순환의 주기가 약간 달라졌을 때, 빙하기처럼 기온이 계속 내려가기만 하는 현상이 발생한다고 여겨진다.

스스로 강화되는 순환 이외에 다른 요소도 기후에 영향을 미친다. 여기서 가장 중요한 요소는 태양이다. 지구 궤도가 조금씩 달라지므로 그에 따라 지구에 도달하는 태양 복사량도 달라진다. 대륙판이 용융 암석층 위로 미끄러져서 극지방의 얼음 면적이 달라지고, 적도의 따뜻한 바닷물을 극지방으로 전달하는 해류를 방해하는 역동적인 지질 활동도 기후에 영향을 미친다. 얼음, 구름, 대륙, 식물 분포의 변화로 달라지는 지표면의 밝고 어두운 색깔조차도 지구를 따뜻하게 해주는 태양 복사 에너지의 양과 지구가 바깥으로 반사하는 태양 복사 에너지를 변화시킨다. 이렇듯 다채로운 양성 피드백 고리가 빙하기의 원인으로 보이는데, 구체적으로 무엇이 빙하기를 불러오는지는 거의 알려지지 않았다.

인간이 기후에 영향을 미치는 오늘날 과학자들은 기후 변화에서 생물체의 역할을 다시 검토하기 시작했다. 예를 들어 열을 흡수하는 어두운색 초원과 열을 반사하는 사막의 모래도 기후에 영향을 주고, 대기 중의 온실 기체를 흡수하며 죽고 나서 그것을 깊은 바닷속에 묻어버리는 해조류가 번성하는 것도 기후에 영향을 준다. 과거 지구에도 이런 생물학적 공정이 발단이 되어 빙하기가 왔던 것일까? 인간은 수천 년 동안 농사를 지으려고 땅에 불을 질러서 동식물을 없애버리곤 했고, 최근에는 에너지를 얻으려고 화석 연료를 연소하여 대기 중에 온실 기체가 늘어났다. 우리는 미래의 빙하기를 지연시키고 있을까, 재촉하고 있을까?

* 골디락스(Goldilocks)는 아빠 곰, 엄마 곰, 아기 곰이 사는 집에 혼자 들어간 여자아이에 관한 유럽 전래 동화의 주인공 이름이다. 골디락스는 죽 세 그릇 중에서 너무 뜨겁지도 너무 차갑지도 않은 죽을 선택하고, 너무 딱딱하지도 너무 푹신하지도 않은 침대를 선택한다. 천문학에서는 지구처럼 생명체가 서식하기에 적절한 영역을 '골디락스 영역(Goldilocks zone)'이라고 부른다.

** 피드백(feedback)은 어떤 일의 결과가 다시 그 원인에 영향을 미치는 현상을 가리킨다.

글 / 그림
케이시 슈미트 박사 / 존 클라센
플로리다 대학교 생물지구화학부 연구원 / www.burstofbeaden.com

QUESTION / 6

침팬지 화석은 어디 있을까?

인간과 침팬지는 약 600만 년 전에 같은 조상에서 갈라졌다. 사람 족* 화석 기록은 600만 년 전부터 오늘날까지 인간의 계보에서 일어난 진화적 변화를 보여준다. 아마 '루시'만큼 널리 알려진 사람 족 화석은 없을 것이다. 루시는 에티오피아에서 발견된 오스트랄로피테쿠스 아파렌시스*Australopithecus afarensis*의 화석으로 320만 년이나 되었다고는 믿기지 않을 정도로 온전하게 보존되었다. 네안데르탈인Neanderthal은 20만 년 전에서 3만 년 전 사이의 화석이 꽤 많이 발견되었다. 최근 에티오피아에서는 440만 년 전 아르디피테쿠스 라미두스*Ardipithecus ramidus*의 화석을 발견했다. 지난 60년간 훌륭한 자료들을 꾸준히 발굴한 고생물학은 인간이 어떻게 진화했는지를 한층 깊이 있게 이해하게 되었다. 그러나 아직 두드러지게 부족한 측면이 있다. 바로 침팬지 화석이 없다는 점이다. 2005년 케냐에서 50만 년 전의 침팬지 화석 한 개를 발굴한 적이 있지만, 그 이전에 살았던 침팬지 조상은 대체 어디 있을까?

상상해보자. 600만 년 전에 하나의 생물 종이 두 개로 분화하여 한쪽은 나중에 인간이 되었고 다른 쪽은 침팬지가 되었다. 한쪽은 루시와 같은 사람 족이 되었고 다른 쪽은 다른 계보로 진화했을 것이다. 현대 침팬지의 조상은 분명히 아르디피테쿠스, 오스트랄로피테쿠스, 네안데르탈인이 살았던 시대에 살아 있었다. 그들의 화석은 어디 있는가? 이것은 진화 과정의 잃어버린 고리**라기보다 계보 하나가 통째로 없는 것이다.

침팬지 화석이 없는 이유가 몇 가지 있다. 첫째, 화석이 많이 생겼다고 해서 모두 지금까지 남아 있다는 보장은 없다. 그 생물 종이 살고 죽은 환경이 화석 형성에 영향을 준다. 침팬지는 주로 습한 열대우림에 산다. 숲이 우거진 곳에서는 뼈가 빠르게 부패하므로 화석이 잘 보존되지 않는다. 반대로 사람 족은 건조한 지역에서 살았다. 둘째, 현재 사람 족 화석으로 분류한 몇몇 생물 종이 사실은 침팬지였을 수 있다. 600만 년 전으로 거슬러 올라갈수록 인간의 조상과 침팬지 조상을 겉모습으로 구분하기는 쉽지 않다. 멸종한 생물 종의 정체를 확인할 때에는 그런 어려움이 따른다. 셋째, 보려고 하는 것만 보이는 관점의 편향이 작용할 수 있다. 여러분도 짐작했겠지만 아무도 숲에 살았던 침팬지 화석을 찾아 나선 적이 없다. 그렇기 때문에 화석을 발견하지 못했을 수도 있다. 침팬지 화석의 부재는 아직 해결되지 않은 진화론의 불가사의 중 하나다.

* 사람 족(hominin)은 인간(*Homo sapiens*)과 인간의 조상을 통틀어 가리킨다.

** 진화론에서 '잃어버린 고리(missing link)'는 연속적인 진화 과정에서 빠진 중간 단계를 가리킨다. 예를 들어 유인원에서 인간으로 진화하는 과정에 존재했으리라고 추정되지만 화석이 발견되지 않은 동물을 '잃어버린 고리'라고 부른다.

글 / 그림
줄리아 M. 지켈로 / 마티아스 아돌프손
뉴욕시립대학 형질인류학 박사과정 / www.mattiasadolfsson.se

QUESTION / 7

네안데르탈인은 왜 멸종했을까?

네안데르탈인은 약 13만 년 전부터 3만 년 전까지 유럽과 중동에 살았던 사람 족이다. 당시에는 마지막 빙하기가 한창이었고 체격이 다부진 네안데르탈인은 추운 기후에 잘 적응하여 살았다. 네안데르탈인이 복잡한 사회를 이루고 언어를 사용했다는 얼마간의 증거가 있다. 네안데르탈인의 멸종은 인류 진화의 큰 수수께끼다.

네안데르탈인이 멸종한 까닭을 설명하는 몇 가지 가설이 있다. 하나는 빙하기가 끝났을 때 그들이 사냥하던 숲을 초원으로 바꾸어버린 이상 기후에 적응하지 못했다는 주장이다. 다른 가설은 약 5만 년 전 유럽으로 처음 이주한 현생 인류가 날렵한 몸집, 복잡한 언어, 창의성, 정교한 도구를 지니고 네안데르탈인과 경쟁하여 이겼다고 주장한다. 현생 인류는 넓은 평원에서 네안데르탈인보다 사냥을 잘했으리라고 추정된다. 마지막으로 네안데르탈인이 사실은 멸종하지 않았거나 적어도 완전히 멸종하지는 않았다는 가설이 있다. 네안데르탈인 화석에서 얻은 DNA를 현생 인류의 DNA와 비교한 연구에서는 현대 유럽인의 DNA에 네안데르탈인 DNA의 1~4퍼센트가 포함되었다고 결론 내렸다. 이것은 당시 인간이 네안데르탈인과 교미했다는 증거다.

글 / 그림
엘리슨 A. 엘가트 박사 / 미켈 좀머
플로리다 걸프 코스트 대학 조교수 / mikkelsommer.com

아, 우리에게 무슨 일이 일어난 거지? ▶

Has, what
ecame of
us?

QUESTION / 8

생물 종의 다양성은 왜 위도에 따라 달라질까?

위도가 낮아질수록 생물 종의 다양성이 증가한다는 사실, 예를 들어 극지방의 툰드라보다 아마존 강 유역에 단위 면적당 생물 종의 수가 더 많다는 사실은 잘 알려져 있다. 이런 양상을 생물 종 다양성의 '위도 기울기'라고 부르기도 한다. 그런데 이 현상은 왜 일어날까? 이것은 묘하게 단순하지만 현재까지 결론나지 않은 생태학의 근본적 문제이다.

19세기 찰스 다윈, 알프레드 러셀 월러스, 알렉산더 폰 훔볼트 등 자연사학자들은 남미와 동남아시아의 열대 지역을 탐험하고, 그 지역의 생물 종이 그들의 고향인 영국이나 독일보다 훨씬 다양하다는 사실에 놀랐다. 20세기 초 생태학자들은 위도가 낮을수록 토양이 비옥하므로 생물 종도 다양하다는 가설을 세웠다. 열대의 토양이 온대 지역의 토양보다 훨씬 비옥해서 더 많은 생물이 서식할 수 있다는 주장이었다. 그러나 열대 토양에는 식물에 필요한 수용성 무기질이 아예 없을 때가 많으므로 이런 가설은 틀렸다.

최근에도 여러 가지 가설이 나왔다. 예를 들어 열대 지방은 계절 변화가 뚜렷하지 않아서 환경이 더 안정하고 더 다양한 생물 종이 적응하여 살아간다는 것이다. 적도 지방은 태양 복사량이 지구에서 가장 많다 보니 전체적으로 순 일차생산량*이 많아서 다양한 생물을 부양할 수 있다는 가설도 있다. 어떤 가설에서는 적도 부근의 넓은 면적을 아우르는 열대우림에서 다양한 생물 종들이 적응하여 분화하고 여유로운 공간에서 개체 수를 늘리며 살아갈 수 있어서 생물 종의 멸종 가능성이 적다고 주장한다. 그러나 이 모든 가설은 비판받았고, 어느 하나 위도에 따라 달라지는 생물 종의 수를 완벽하게 예측하거나 확실하게 설명할 수 없었다. 지구 전체의 생물 다양성 양상을 설명하는 메커니즘을 찾는 일은 현대 생태학의 최대 난제로 남아 있다.

* 일차생산량은 어떤 생태계에서 독립영양생물이 광합성이나 화학합성을 통해 무기물로부터 생산한 유기물의 양이다. 대표적인 예로 식물이 광합성을 통해 이산화탄소, 물, 태양 에너지로부터 포도당을 만들어내면, 동물은 식물을 포식하여 그 영양분과 에너지를 활용한다. 일차생산량은 생태계를 지탱하는 원동력이다.

글 / 그림
조앤나 E. 램버트 박사 / 로타 니에미넨
텍사스 주립 샌안토니오 대학 교수 / www.lottanieminen.com

QUESTION / 9

영장류 사회 집단의 크기는 어떻게 결정될까?

집단생활의 이점은 많다. 집단과 함께 있으면 혼자 있을 때보다 위험을 감지하는 눈도 더 많고, 집단 안에 숨을 수 있어서 포식자로부터 자신을 보호할 수 있다. 음식을 섭취하는 데에도 집단생활이 유리하다. 집단이 클수록 힘을 모아 중요한 먹이 공급원을 방어하고, 다른 작은 집단들을 물리칠 수 있으며, 좋은 먹잇감을 찾는 개체도 더 많아진다. 집단생활을 하면 또한 혼자 살 때보다 교미 확률이 높고 새끼를 함께 돌볼 기회도 생긴다.

그러나 집단생활을 할 때 감수해야 할 단점도 있다. 큰 집단에 속한 개체는 통상 작은 집단에 속한 개체보다 할당받는 먹이의 양이 적고, 따라서 먹이를 확보하려는 경쟁이 심하다. 큰 집단은 포식자의 눈에 잘 띄고, 집단 안에서는 질병에 걸릴 확률도 높다.

이처럼 집단생활의 장단점은 명확하다. 그런데 영장류의 통상적인 집단 크기를 예측하는 일은 아직 불가능하다. 예를 들어 숲에 사는 개코원숭이는 500마리 이상의 집단에서 생활하고, 흑백콜로부스원숭이는 6~12마리의 작은 집단을 이루며 살아간다. 오랑우탄은 고독하게 혼자 살고, 티티원숭이는 두 마리씩 쌍으로 다닌다. 같은 종인데도 20~200마리로 집단의 크기가 다른 경우도 있다.

무엇이 영장류 집단의 크기를 결정하는지는 불가사의하다. 생태 환경이 집단 크기를 제한한다는 가설이 있다. 예를 들어 먹이 경쟁이 집단에 남을 수 있는 개체 수를 제한하므로 먹이가 적은 지역에서는 집단이 작아진다. 다른 가설에서는 뇌에서 신피질neocortex이 차지하는 비율이 높을수록 큰 집단을 이루어 살 수 있다고 한다. 신피질 비율이 높을수록 인지 능력이 발달하여 개체들이 서로 기억하고 사회적 관계를 이룰 수 있기 때문이다. 또는 이동, 섭취, 소화, 사회 활동을 위한 시간을 포함하여 시간 관리가 집단 크기를 제한한다는 가설도 있다. 생태학적 요인과 사회적 요인이 결합하여 영장류 집단의 크기에 영향을 주는 것은 틀림없다. 불행히도 오늘날 많은 영장류와 영장류 서식지가 사라지고 있어서 우리가 이 수수께끼를 풀려면 서둘러야 한다.

글 / 그림
제시카 로스먼 박사 / 스테이시 로지크
뉴욕시립대학교 헌터 컬리지 조교수 / www.staceyrozich.com

QUESTION / 10

영장류는 왜 유사 스테로이드를 생산하는 식물을 먹을까?

인간을 비롯하여 대부분 영장류는 필요한 영양분을 섭취하는 데 식물에 크게 의존한다. 식물에는 생명체가 제대로 기능하는 데 필수적인 단백질, 탄수화물, 지질, 비타민, 무기질 외에도 여러 가지 다른 화합물이 들어 있다. 인간을 비롯한 영장류는 카페인과 같은 식물성 화합물을 활용하여 자신의 생리 작용과 행동에 변화를 유도한다. 그런 화합물 중 일부는 독성이 있어서 절대 먹으면 안 되고, 어떤 화합물은 영양분을 얻으려고 그 식물을 먹는 과정에서 우연히 섭취하게 된다.

식물의 화합물 가운데 '식물성 스테로이드phytosteroid'는 암컷과 수컷 모두의 건강과 생식 능력에 영향을 줄 수 있다. 식물성 스테로이드는 영장류의 몸속에 원래 있는 스테로이드 호르몬으로 위장하여 동일하게 작용하므로 그것을 섭취한 영장류의 생리 작용과 행동에 변화를 준다. 영장류는 대두와 같이 유사 스테로이드를 생산하는 식물을 일상적으로 섭취한다. 여성 호르몬인 에스트로젠으로 위장하여 같은 기능을 하는 '식물성 에스트로젠'만 해도 32과 300종의 식물에서 160가지가 넘는다. 유사 스테로이드를 생산하는 식물 중 비텍스*Vitex* 속 식물은 야생 영장류 암컷에서 피임 효과가 두드러진다. 영장류가 왜 그런 식물을 먹는지는 거의 알려지지 않았다. 식물성 스테로이드를 생산하는 식물을 먹으면 건강이 좋아지거나 번식 시기를 통제할 수 있는지도 모른다. 또는, 식물이 그런 화합물을 생산함으로써 동물의 번식을 억제하여 자신의 포식자 개체 수를 줄이는 것일 수도 있다. 만약 그렇다면 영장류는 자손이 줄어드는 단점보다 그 식물을 먹었을 때 얻는 영양분의 장점이 더 중요하지 않다면 그 식물을 먹지 않으려고 할 것이다. 아니면 식물성 스테로이드와 영장류의 몸속에 원래 있는 스테로이드 호르몬의 화학 구조가 비슷한 것은 단지 우연이고, 식물에나 영장류에나 아무런 목적도 없을 수 있다. 어찌 되었든, 식물과 영장류 사이의 호르몬 상호작용은 영장류의 생체 활동에 대해 우리가 지금까지 몰랐던 매우 중요한 역할을 했을 가능성이 있다. 야생 영장류와 그들이 먹는 식물을 연구하는 과학자들은 식물성 스테로이드가 영장류의 생태와 진화에 어떤 영향을 미쳤는지를 밝히려고 지금도 애쓰고 있다.

글 / 그림
마이클 D. 와서먼 박사
맥길 대학교 박사 후 연구원
올레 틸만
www.ole-t.de

QUESTION / 11

인간은 왜 늙을까?

누구나 나이가 들면 어쩔 수 없이 쇠약해진다. 원기 왕성하고, 건강한 상태로 계속 살고 싶지만, 누구나 나이가 들면 건강을 잃는다. 노화는 돌이킬 수 없는 광범위한 손상과 결함이 평생에 걸쳐 몸의 세포에 서서히 쌓인 결과로, 결국 세포와 조직이 기능을 잃게 된다. 지구에서는 참으로 다양한 생물이 진화를 통해 각기 독특한 삶과 생활 방식을 만들어냈는데, 사고나 질병이나 부상 없이 영원히 건강을 유지하는 방향으로 진화한 생물 종이 하나도 없는 까닭은 무엇일까?

우리 몸에는 노화하지 않는 극히 작은 부분이 있다. 우리가 부모로부터 물려받은 유전 물질은 중단 없이 계보를 이루어 수많은 세대와 수억 년을 거슬러 올라가서 우리를 지구 최초의 생명체에까지 연결해준다. 이 오래된 계보를 통해 전해진 유전 정보는 늙지 않지만, 유전 정보를 운반하는 우리는 세상에 잠시 머물다 죽는다. 진화는 강력한 힘이지만, 우리의 개별적 삶을 오래 유지하기보다는 번식을 통해 유전 물질이 잘 전달되게 하는 방향으로 작동한다. 실제로 진화의 힘은 개인이 되도록 오랫동안 건강하게 사는 것보다는 인류가 유전 정보를 다음 세대에 잘 전달할 확률을 높이는 방향으로 작용했다. 이 두 가지 목적은 서로 배타적이지 않지만, 동일하지도 않다.

최초의 생명체가 태어났을 때부터 진화해온 세포 내부의 DNA 수선 메커니즘과 DNA 교정 메커니즘이 현재와 달리 더 효과적으로 진화했다면, 노화의 악영향이 덜했을 수도 있다. 하지만 그런 방향으로 진화하지 않은 까닭을 간단하게 설명하는 한 가지 논리는 인간이 살아온 환경이 사자에게 먹히거나 전쟁에서 죽거나 질병으로 죽는 등 죽음의 위협으로 가득하기 때문이라는 것이다. 자원이 한정된 상태에서 긴 계보를 유지하려면, 어차피 사고로 일찍 죽는 개체가 많은 상황에서 늙은 개체의 건강을 유지하는 데 투자하기보다는 젊은 개체가 되도록이면 많이 번식하도록 투자하는 편이 유리하다.

진화는 인간의 노화 문제를 외면했다. 노화는 개인에게 대단히 중요한 문제지만, 인간 종족을 계속 유지하는 것과는 무관하다. 따라서 우리가 노년의 건강을 향상할 기회는 우리 스스로 의학과 과학을 활용하는 데서 찾아야 할 것이다.

글 / 그림
코너 로레스 박사 / ATAK
뉴캐슬 대학교 연구원 / www.fcatak.de

QUESTION / 12

생체 시계란 무엇일까?

생명체는 살아남기 위해 변화하는 환경에 적응할 줄 알아야 한다. 다행히도 생명체가 맞닥뜨리는 가장 극심한 변화는 가장 예측하기 쉬운, 지구 자전으로 생기는 낮밤 주기다.

다세포 생물과 일부 세균은 체내에서 시간을 세는 체계인 생체 시계circadian clock를 사용하여 낮과 밤의 주기를 추적한다. 식물은 낮의 햇빛을 최대한 활용하기 위해 새벽이 오기 전부터 체내 대사 작용을 광합성에 적합하게 설정한다. 예를 들어 몇몇 식물은 특정 시각에 잎이나 꽃을 펼치고 오므린다. 이런 식물의 움직임은 빛의 양적 변화에 대한 반응일 뿐 아니라 내재적으로도 주기가 정해져 있다. 하루에 한 번 잎을 펼치는 헬리오트로프는 며칠 동안 줄곧 어두운 장소에 두어도 똑같은 시각에 잎을 펼친다. 동물의 수면 주기는 조명이 달라지지 않고 일정한 상태에서 대략 24시간 주기를 무한정 유지한다. 그러나 생체 시계는 빛의 변화처럼 시간을 알려주는 실마리인 차이트게버* 가 없을 때 외부 세계의 시간과 점차 어긋나기도 한다. 동물의 생체 시계가 환경 적응 측면에서 어떤 가치가 있는지는 아직 잘 모르지만, 생체 시계 교란은 당뇨나 암과 같은 인간의 질병과 관련 있다고 한다.

시계는 주기가 일정한 진동자를 이용하여 만든다. 생체 시계도 다를 바 없다. 흔들리는 진자나 수정 진동자의 진동으로 시간을 재는 대신, 생체 시계는 체내의 복잡하게 얽히고설킨 피드백 고리를 이용하여 하루 주기의 단백질 농도 변화를 토대로 시간을 잰다. 포유류의 생체 리듬은 뇌 속에 있는 '마스터 시계'의 지배를 받는데, 사실상 몸속의 모든 세포에서 제각기 시계가 작동한다. 이 수조 개의 시계가 어떻게 마스터 시계와 보조를 맞추고 어떤 목적으로 생체 시계가 작동하는지는 아직 알려지지 않았다.

* 차이트게버(zeitgeber)는 생체 시계에 영향을 주는 빛, 온도, 식습관, 약물, 운동량, 사회적 교류와 같은 외부 요인이다. 생물은 차이트게버를 통해 생체 리듬을 조절하여 외부 환경에 적응한다.

글 / 그림
존 어니스트 크라츠 박사 / 랩 파트너즈
www.lp-sf.com

Fig. 1A

QUESTION / 13

우리는 왜 잠을 잘까?

잠이란 무엇인가? 기존의 정의에 따르면 동물이 다음과 같은 특성을 보일 때 잠을 잔다고 한다. (1)의식적으로 움직임을 조절할 수 있는 근육인 수의근이 활동하지 않는다. (2)전형적인 외부 자극에 반응하지 않는다(의식의 부재). (3)전형적인 수면 자세(예를 들어 누운 자세)를 취한다. (4)강한 자극을 주면 무의식 상태에서 곧바로 의식 상태로 돌아온다.

이런 기준을 바탕으로 과학자들은 포유류, 조류, 어류, 파충류, 양서류, 무척추동물까지 모든 동물이 잠을 잔다고 결론 내렸다. 수면 현상이 모든 동물에서 보편적으로 나타나는 것을 보면 잠은 동물의 삶에 매우 중요하다는 사실을 알 수 있다. 왜 그럴까?

과학자들은 동물이 잠을 자지 못했을 때 어떤 일이 벌어지는지를 연구하면서 최근에야 이 질문에 대한 답을 찾기 시작했다. 잠을 제대로 자지 못한 동물의 몸속에서는 분자 수준에서 '단백질 펼쳐짐 반응'이라는 현상이 발생한다. 잠을 못 자는 동안 신체 조직의 구성단위인 단백질이 구조적 통일성을 잃고 '펼쳐진다*'는 것이다. 펼쳐진 단백질은 동물의 세포 속에 쌓이고 덩어리로 뭉쳐 점차 독성을 띠게 된다. 그리고 세포 곳곳에 펼쳐진 단백질이 가득 쌓이면, 세포가 서서히 제 기능을 잃는다. 동물을 계속 못 자게 하면 결국 죽어버린다. 그런데 얼마간 잠을 못 잔 동물이 마침내 잠들면 특수한 '청소' 분자들이 펼쳐진 단백질을 다시 접어 원상태로 복구한다. 결국, 잠은 세포의 손상을 예방하고 바로잡는 유지보수 공정이다.

* 단백질은 아미노산으로 구성되어 있다. 각종 아미노산이 길게 연결된 단백질 분자는 접힘(folding)을 통해 고유의 구조를 지니게 된다. 이 구조가 곧 단백질의 기능을 결정한다. 따라서 원래 접혀 있어야 할 단백질이 펼쳐지면 본래의 기능을 상실한다.

글 / 그림
조애너 프리먼 / 카밀라 엥만
플로리다 어류와 야생동물 보호 위원회, 야생동물을 연구하는 생물학자 / www.camillaengman.com

QUESTION / 14

우리는 왜 꿈을 꿀까?

꿈은 참 이상하다. 깨어 있는 세계의 법칙이 적용되지 않는 꿈은 감정이 풍부하고 강렬하며 생생한 밤의 시간이다. 꿈은 대부분 렘rapid eye movement; REM 수면이라고 부르는 중요한 수면 단계에서 나타난다. 렘수면 단계에서는 뇌 활동이 깨어 있을 때와 매우 비슷하다. 그러나 신경세포가 활발하게 신호를 전달하는 가운데 척수로 가는 신호는 억제되므로 우리 몸은 마비된 것처럼 움직이지 않는다.

과학은 렘 수면 중에 어떤 일이 일어나는지 계속 밝혀내고 있지만, 우리가 왜 꿈을 꾸느냐는 질문에 대한 대답은 여전히 오리무중인 채 여러 분야 과학자들의 주의를 끌고 있다. 꿈에 관한 초기 심리학 이론은 무의식적 갈등을 강조하며 꿈이 억제된 충동이나 금지된 욕망을 상징적 표상을 통해 행동으로 옮기는 수단이라고 보았다.

최근 연구에서는 꿈이 그날 배운 새로운 지식을 장기 기억에 저장하거나 실제로 위험에 빠지는 일 없이 가상의 위협에 대응하는 훈련을 하는 기회로, 인간이 성공적으로 진화하는 데 중요한 기능을 한다고 주장한다.

또 다른 주요 이론에서는 우리 마음이 활동하는 낮에 그러듯이 계속해서 감각 정보를 처리하고 해석해야 할 필요가 있어서 꿈을 꾼다고 주장한다.

혁신적인 뇌 영상 기술을 이용하여 우리는 꿈을 꾸는 동안 시각 영역과 운동 영역이 활발하게 활동하고, 뇌의 사리 판단 영역인 전두엽 대뇌피질은 덜 활동적이라는 사실을 알게 되었다. 감각 신호들이 임의로 시각 영역을 통과하는 동안 전두엽 대뇌피질은 이 감각 정보의 혼돈 속에서 질서를 세우려고 애쓰고 있을 수도 있다. 아마도 그래서 우리는 한순간 숲속을 걷다가 다음 순간에 도시를 활보하더라도 꿈을 꾸는 중에는 왠지 '그럴 법하다.'라고 느끼는지도 모른다. 꿈과 꿈의 기능에 관해 우리는 아직 모르는 사실이 너무 많다. 다만 우리의 마음이 뇌에서 제멋대로 돌아다니는 신호들을 논리적 이성의 도움 없이 해석하려는 시도 덕분에 우리가 꿈속에서 중력의 구속을 벗어던지고 하늘을 날 수 있는지도 모른다.

글 / 그림
브레트 마로킨 / 윤주희
예일 대학교 박사과정 / www.jooheeyoon.com

QUESTION / 15

우리는 왜 하품을 할까?

하품은 인간의 보편적인 행동으로 우리는 수백 년간 미신과 사회 관습의 잣대로 하품의 역할을 추측해왔다. 하품이 그토록 흔한 현상인데도 하품에 정확히 어떤 효과가 있는지는 여전히 잘 모르고, 하품을 연구하는 과학자 사이에서도 격렬한 논쟁이 계속되고 있다. 뇌의 산소량 증가, 각성, 중이의 압력 저하, 뇌를 식히는 기능 등 하품의 생리적 역할에 대한 많은 가설이 제기되었다. 최근 체온 조절 가설이 힘을 얻고 있지만, 아직 논쟁의 여지가 많다. 그 밖의 생리적 역할에 관해서는 증거가 부족하거나 반증이 있다.

하품의 효과는 아직 잘 모르지만, 하품을 일으키는 요인은 조금씩 알려져 있다. 보통 졸릴 때 하품을 하게 되는데, 놀랍게도 가장 자주 하품을 촉발하는 자극은 바로 사회적 전염이다. 하품은 사람과 사람 사이에서 전염되고, 전염되는 양상은 하품하는 사람의 사회성에 달린 것으로 보인다. 하품이 전염되는 현상은 인간이 아닌 동물의 경우에 침팬지, 개를 비롯하여 몇몇 종에서만 관찰되었다. 인간의 경우에 자발적인 하품은 자궁 속에서도 관찰되었다. 그런데 다섯 살 미만의 어린이나 정신분열병, 자폐증처럼 사회성을 저하하는 질환을 앓는 사람에게는 하품이 잘 전염되지 않는다. 과학자들은 하품이 쉽게 전염되는 정도는 개인의 공감 능력에 달렸다고 말한다. 이런 주장은 하품을 관장하는 뇌의 영역이 공감과 사회적 행동을 관장하는 영역과 중첩된다는 사실이 뒷받침한다.

그렇다면 '우리는 왜 하품을 할까?'라는 질문에 대한 또 다른 대답은 어쩌면 다음과 같을지도 모른다. '우리는 공감하기 때문에 하품한다.'

글 / 그림
레베카 C. 버저스 박사 / 놀란 헨드릭슨
미국 국립 보건원 박사 후 연구원 / www.nolanhendrickson.com

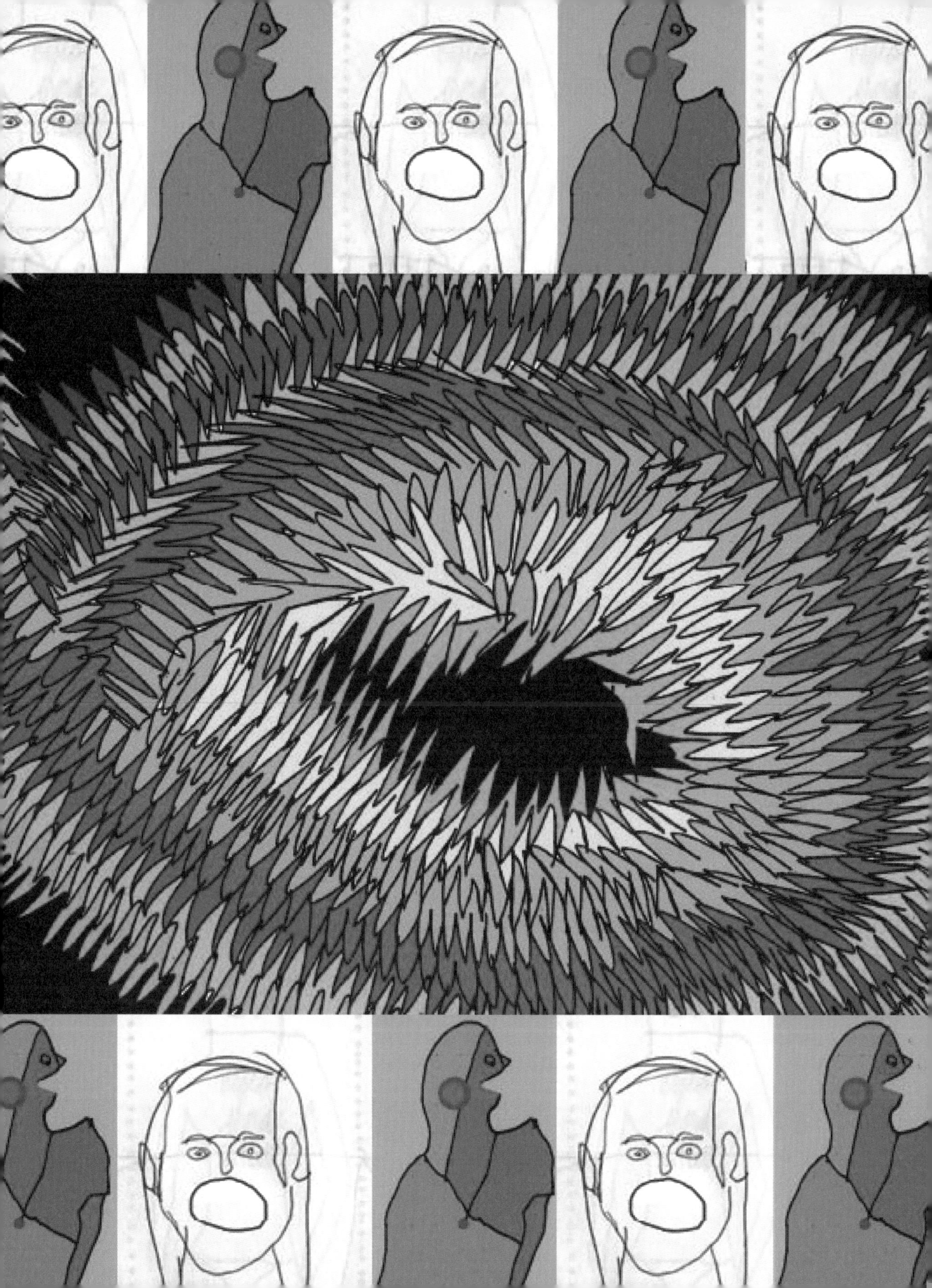

QUESTION / 16

우리는 왜 딸꾹질을 할까?

십 초 동안 숨을 참아라. 물을 마실 때 아랫입술과 턱이 잔 안으로 들어가게 하고 잔을 반대 방향으로 기울여 마셔라. 다른 사람에게 깜짝 놀라게 해달라고 부탁하라. 눈알을 눌러라…. 여러분이 마지막으로 딸꾹질했을 때 누군가가 위의 민간요법 가운데 하나를 제안했을 것이다. 딸꾹질을 멈추게 하는 방법은 많다. 그런데 우리는 애초에 왜 딸꾹질을 할까? 딸꾹질은 가슴 부위에서 호흡을 조절하는 근육인 횡격막이 불수의적으로 경련하여 공기가 폐 속으로 갑자기 흘러 들어갈 때 발생한다. 그러면 공기 흐름을 막으려고 성대가 닫히면서 딸꾹질 소리가 난다. 정확히 무엇 때문에 횡격막이 경련하는지는 아무도 모르지만, 아마도 횡격막 근육에 연결된 신경이 받은 자극이나 호흡을 조절하는 뇌 영역에서 온 신호 때문일 것이다.

어떤 과학자들은 인간의 딸꾹질과 연관 있는 신경 회로가 올챙이 상태에서 아가미로 숨 쉴 때 딸꾹질과 비슷한 움직임을 보이는 양서류에서 유래한 진화의 흔적이라고 생각한다. 과학자들은 이 신경 회로가 규칙적으로 박자를 맞추어 숨을 쉬면서 동시에 젖을 빨아야 하는 젖먹이에게 도움이 되기 때문에 지금껏 인간에게 남아 있다는 가설을 세웠다.

딸꾹질을 자주 일으키는 무해한 일상적 활동으로 탄산음료를 마시거나 매운 음식을 먹거나 실수로 갑자기 많은 양의 공기를 삼키는 일이 있다. 더 심각하고 덜 흔한 일로는 호흡기 질환, 복부 질환, 뇌종양이 있다. 경험적으로 볼 때 혈액 속의 이산화탄소량을 늘리면 딸꾹질이 사라지는 듯하다. 그래서 딸꾹질하는 사람에게 숨을 참거나 입에 종이 봉지를 대고 숨을 쉬어보라고들 한다. 또한, 연구 결과 설탕을 먹으면 딸꾹질이 효과적으로 없어진다고 한다. 여러분은 다음에 딸꾹질이 나면 종이 봉지를 찾겠는가, 설탕을 찾겠는가?

글 / 그림
질 콘트(석사) / 데이브 재킨
www.davezackin.com

THE HICCUPS
HISTORY OF HICCUPS: WE PROBABLY CAUGHT THEM FROM OUR AMPHIBIAN ANCESTORS.
(SINGULTUS) IN LATIN
GOOD FOR THE GILLS.
RIBBOT.
HICCUP.
HIC.
POKE. POKE.
AMAZING HICCUP CURES:
I CAN NEVER FIGURE OUT WHAT SIDE OF THE GLASS IS THE WRONG SIDE
HICCUP
H_2O METHOD.
$C_{12}H_{22}O_{11}$ METHOD.
WRONG SIDE
THE BRAIN SENDS A SIGNAL AND THE DIAPHRAGM SPASMS!
NEXT TIME I HAVE SINGULTUS I AM GOING TO TRY THIS
GASP.. SNIFF..
HICGUHH.. EXHALE.. HOLD.. HOLD BREATH.. HIC!
I DO THIS EVEN WHEN I DON'T HAVE TO.
CO_2 METHOD
I FOUND THIS METHOD ON THE INTERNET.
WIKIPEDIA SAYS THAT ONE GUY HAD THE HICCUPS FOR 68 YEARS
EYEBALL POKING CURE.
STANDING ON YOUR HEAD IS SUPPOSED TO STOP YOU FROM HICCUPING.
BOO!
THIS ONE NEVER WORKS.
I THINK THAT WAS THE LAST ONE.
I THINK HOLDING MY BREATH ACTUALLY WORKED...
HE PROBABLY DIDN'T KNOW ABOUT THE TONGUE PULLING THING!
HICCUPS CAN BE CAUSED BY THE BUBBLES IN SODA ALSO BY BRAIN TUMORS
CAUSES
HIC.
IF SODA IS UNAVAILABLE, LIQUOR WORKS.
VOCAL CHORDS OUT OF CONTROL.
BREATHING VS. FEEDING... BABIES WITH HICCUPS CAN DO BOTH!
SODA
THEY ARE JUST THE WORST.

QUESTION / 17

우리는 왜 얼굴이 빨개질까?

얼굴이 빨개지는 현상, 즉 홍조는 사람들에게 꽤 흔하고 보편적인 경험이다. 그러나 얼굴이 왜 어떻게 빨개지는지는 아무도 모른다. 홍조는 통제할 수 없이 비자발적으로 피부색이 붉어지거나 어두워지는 현상이다. 얼굴, 귀, 목, 그리고 어떤 때에는 가슴 윗부분을 포함하는 '홍조 부위'의 피부 표면 쪽에 혈류가 증가하면서 그렇게 된다.

온몸이 붉어지는 비슷한 현상과 달리 홍조는 흔히 당황, 수치, 자의식, 관심의 사회적 경험에 따라오는 감정적 반응이다. 피부 바로 아래 있는 혈관 벽의 근육이 이완하여 피가 많이 흘러 들어가면 홍조의 불그스레하거나 어두운 색조가 나타난다. 흥미롭게도 홍조 부위 피부의 혈관은 신체 다른 부위보다 더 많고 더 크며 피부 표면에 더 가깝다. 여기서 생리적 측면과 감정·의사소통 사이에 모종의 관계가 있지 않을까 생각할 수 있다. 피부로 가는 혈류는 세포에 영양분을 전달하고 피부 표면의 체온을 조절하는데, 교감신경계의 지배를 받는다고 알려졌다. 그러나 구체적으로 홍조가 정확히 어떤 메커니즘으로 활성화되는지는 아직 모른다. 가설은 많이 나와 있다.

홍조 자체에 아무런 기능이 없고 단지 감정의 표현일 뿐이라고 생각하는 사람도 있고, 홍조가 사회 규범을 어겼다고 자각하고 사과하는 신호를 보내는 비언어적 의사소통의 형태일 수 있다고 생각하는 사람도 있다. 정신분석학자들은 홍조가 타인의 관심을 끌려는 억제된 노출증이 육체적으로 발현한 것이라는 이론을 세웠다. 어떤 이들은 홍조가 항복의 신호라고 생각한다. 특히 눈길을 피하거나 불안하게 미소 짓는 버릇과 함께 나타났을 때, 자신에게 잠재적으로 올 수 있는 공격을 무마하려는 표현이라는 것이다. 아니면 홍조는 위협으로부터 도망치려는 시도가 무산된 후에 피가 근육으로 되돌아오는 현상일 수 있다. 아니면 우리가 얼굴이 빨개질까 봐 초조해하므로 얼굴이 빨개질 수도 있다. 자신의 얼굴이 빨개졌다고 의식하면 피드백 고리가 생겨서 얼굴이 더 빨개지는 것이 사실이다. 이렇게 얼굴 빨개지는 것에 대해 줄곧 이야기하고 있으니, 여러분도 지금 얼굴이 빨개지지 않았는가?

글 / 그림
질 콘트 (석사) / 길버트 포드
www.gilbertford.com

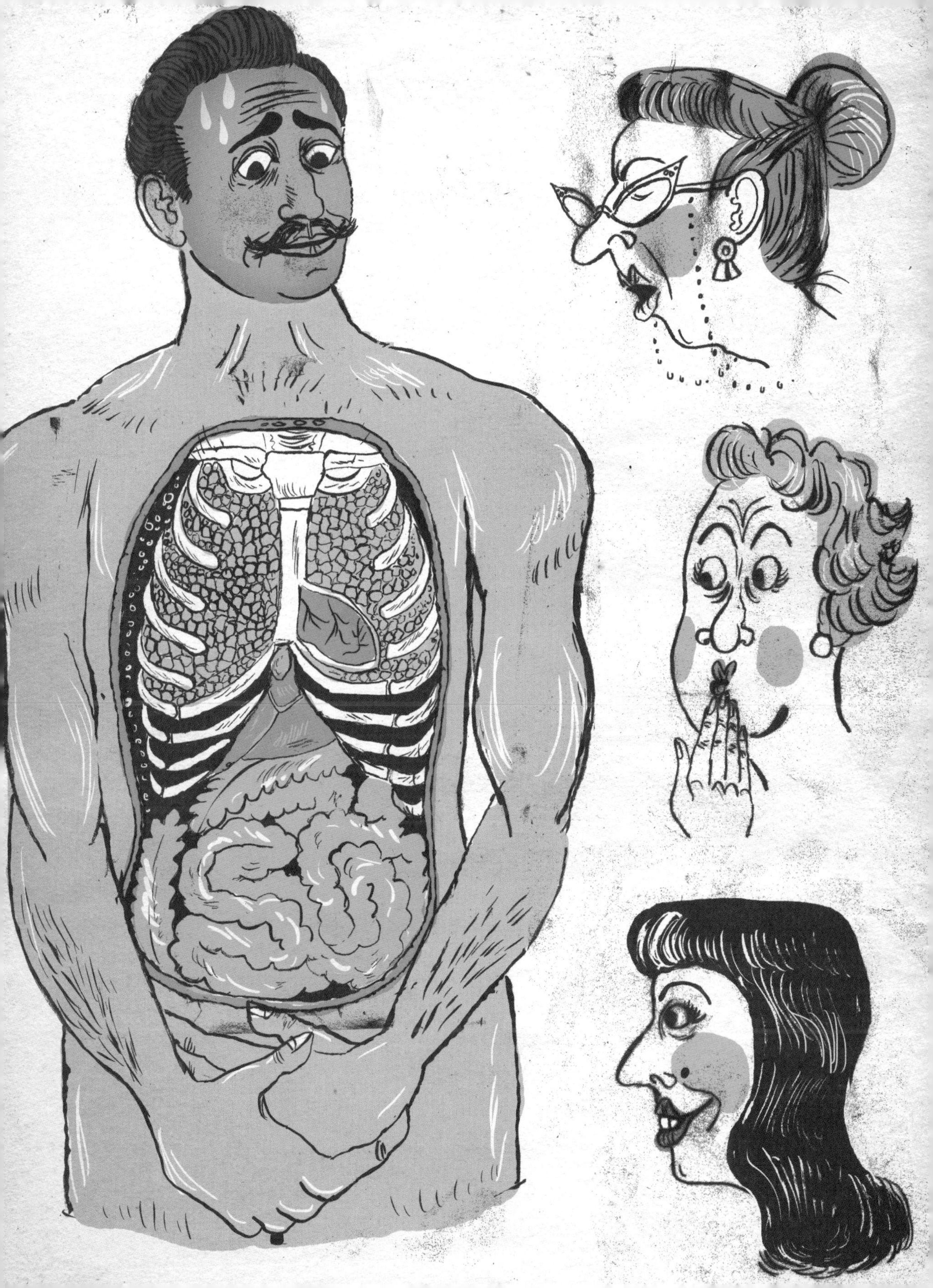

QUESTION / 18

우울증은 왜 생길까?

누구나 슬픔과 애도를 경험하지만, 누구나 우울 장애를 앓지는 않는다. 우울 장애가 오면 극도의 슬픔에 빠지는 것은 물론이고 수면 양상과 식욕이 변화하고 집중력이 낮아지며 육체적 움직임이 느려지거나 몸이 떨리거나 즐거움을 느끼지 못한다. 우울증은 현대 임상의학에서 가장 널리 연구하는 정신질환이지만, 우울증의 원인은 아직 완전히 밝혀지지 않았다.

악마나 체액humor 불균형을 거론하던 중세 시대의 해석에서 벗어난 초기 심리학 이론은 우울증의 원인으로 신경증을 일으키는 무의식의 갈등을 강조했다. 지난 반세기 동안 과학자들은 우울증의 행동적·인지적·생물학적 원인에 초점을 맞추었다. 동물과 인간의 행동을 연구한 결과, 기본 학습 메커니즘을 통해 개인의 행위와 그에 대한 환경의 반응(예를 들어 상을 주거나 벌을 주는)에 따라 우울증이 발달할 수 있다는 사실을 발견했다. 인지 연구는 개인이 세상의 정보에 주의를 기울이는 정도와 그 정보를 처리하는 방식에 따라 똑같은 자극이 우울증을 일으킬 수도 있고 그러지 않을 수도 있음을 보여주었다. 또한, 생물학 연구는 우울증이 신경세포 사이의 화학적 신호를 전달하는 신경전달물질의 기능 장애와 관련이 있음을 밝혔다. 그리고 그런 물질을 조절하는 약물 치료도 현재 이루어지고 있다.

우리는 우울증을 과학적으로 꽤 깊이 이해하게 되었지만, 이 모든 요인이 정확히 어떤 관계를 이루고 있는지는 알지 못한다. 예를 들어 신경전달물질을 조절하는, 우울증과 관련 있는 유전자들을 찾아냈는데, 이런 유전자를 지니고 있더라도 어린 시절에 스트레스를 받은 적이 있는 사람들에게서만 실제로 우울증이 발병하는 듯하다. 그리고 스트레스는 호르몬 작용을 통해 인지나 우울증과 관련이 있는 신경 부위를 수축시키고 특정 유전자를 활성화하거나 비활성화함으로써 뇌의 구조를 바꾸는 것으로 보인다. 현재 우울증을 연구하는 과학의 선두에서는 생물학·심리학·사회학을 아우르는 학제 간 협업을 통한 접근이 이루어지고 있다. 이처럼 우울증은 유전적·신경화학적·심리적·환경적 요인의 영향을 받는 것으로 보인다. 과학은 우울증의 복잡한 그림을 이제야 겨우 엿보기 시작했다.

글
브레트 마로킨
예일 대학교 박사과정

그림
맥스웰 홀요크 - 히르시
www.lorenholyoke.com

QUESTION / 19

자폐증은 왜 생길까?

자폐증은 우리 몸의 이런저런 체계들이 발달하는 데 전반적으로 영향을 미치는 여러 가지 발달 장애를 통틀어 일컫는 용어다. 자폐아는 의사소통 능력이 늦게 발달하고 사회화도 느리게 진행되고, 관심사가 제한되고, 감각 정보 처리에 어려움을 겪는다는 특징이 있다. 자폐아가 될 확률은 정상적으로 분만한 신생아 110명 중 한 명꼴로 추정되고, 오늘날 전 세계에는 수천만 명의 자폐아가 있다. 전문가들은 자폐증 환자의 수가 증가 추세에 있다고 말한다. 그러나 자폐증의 원인은 아직도 분명하게 알려지지 않았다.

과학자들은 자폐증에 유전적 소인이 있다는 데 일반적으로 동의한다. 부모나 형제가 자폐증을 앓는 어린이도 자폐증을 앓을 확률이 높다. 그러나 유전적 특징만으로는 자폐증의 발병 원인을 설명할 수 없다. 일반적으로 자폐증은 유전 요인과 환경 요인이 상호작용한 결과로 보고 있다. 또한, 자폐증을 일으키는 것으로 의심하는 환경적 위험 요인에는 살충제, 바이러스, 가정용 세척제 속의 화학물질, 일부 백신에 포함된 안정제, 분만 시 낮은 산소 농도, 산모의 특정 약물 복용, 환경 오염물질이 있다(이것들은 자폐증 연구에서 논의하는 수많은 환경 요인 가운데 일부이고, 대부분 격렬한 진위 논쟁이 벌어지고 있다). 그러나 자폐증이 광범위한 증상과 강도를 보이는 각기 다른 여러 장애를 가리키는 만큼, 전문가들은 자폐증의 원인에 단 한 가지만이 있을 수는 없다고 말한다.

실제로 자폐아 한 명을 만났다면 그런 자폐아를 딱 한 명 만난 것에 불과하다는 말이 있다. 우리는 이것을 자폐증의 원인에도 적용할 수 있다. 어떤 자폐증의 원인을 발견했다면 그 자폐증의 원인을 발견한 것에 불과하다.

글 / 그림
제시카 스트라우스 / 소피아 마르티네크
뉴욕 시청 교육과 (석사, 진로상담사) / www.martineck.com

Detergent
Bleach
Cough
BATH
LEACH
Bleach
Clean Home
TOMATO
PEAS
CARROTS
FROZEN
SPINACH
PEAS
FROZEN
CARROTS
FROZEN

위약은 왜 효과가 있을까?

과학자들은 위약placebo 앞에서 고개를 절레절레 흔든다. 인체에 무해한 의약품이나 처치를 지칭하는 위약은 생리적 효과보다는 심리적 효과를 고려하여 환자에게 도움을 주기 위해 처방하고, 신약을 시험할 때 대조군으로 사용하기도 한다. 위약은 딱히 효과를 낼 이유가 없는데도 효과를 낸다. 이에 대한 설명은 모두 '정신이 물질보다 강하다'는 발상에 의존한다.

위약 효과를 설명하는 주된 이론은 환자가 위약에 효과가 있다고 믿으면 뇌의 활동이 변하거나 뇌의 화학적 성질이 변하거나 어쩌면 둘 다 변화한다고 가정한다. 약인 줄 모르는 상태에서 진짜 진통제를 복용한 환자보다 진통제라는 설명을 듣고 위약을 복용한 환자에게서 진통효과가 더 컸던 연구 결과가 이 이론을 뒷받침한다.

그러나 위약은 질병을 일으키는 원인에 직접 작용하지 않고, 뇌가 중요한 역할을 하는 증상에만 효과를 보인다는 사실을 잊지 말아야 한다. 예를 들어 위약은 암이나 독감을 치료하는 데에는 전혀 효과가 없지만, 우울증, 통증, 과체중을 치료하는 데에는 놀라울 정도로 성공적이다. 따라서 후자의 질병을 앓는 환자가 회복하는 데 뇌가 핵심적 역할을 한다는 사실을 알 수 있다.

앞으로 과학이 위약 효과의 비밀을 더 상세히 밝혀내겠지만, 현재로써는 이 정도에 만족하기로 하자. 위약이 효과를 내는 이유는 우리가 위약이 효과가 있기를 원하기 때문이다.

글 / 그림
사라 폭스 박사
사이프러스-페어뱅크스 독립학군 생물학·범죄과학 교사
페넬로피 덜러건
www.penelopeillustration.com

QUESTION / 21

사춘기는 어떻게 시작될까?

사춘기는 사람이 통과하는 삶의 여러 단계 가운데 가장 당황스러운 단계다. 목소리가 변하고, 신체의 어떤 부위에 갑자기 털이 나고, 여드름이 만발하고, 체취가 심해지는 등 거의 굴욕적인 통과의례를 누구도 피해갈 수 없다. 그런데 아이에서 생식 능력이 있는 성인으로 변하는 과정의 과도기인 사춘기는 왜 존재하는 것일까? 몹시 불안정한 시기인 사춘기가 시작되려면 뇌하수체에서 생식선 자극 호르몬gonadotropin releasing hormone; GnRH이 규칙적으로 분비되어야 한다. 소녀는 만 10세, 소년은 만 12세에 생식선 자극 호르몬이 분비되기 시작한다. 생식선 자극 호르몬은 연쇄반응으로 여러 호르몬을 분비하게 하고, 그 결과로 갑자기 키가 자라고, 운이 좋다면 체모를 비롯한 2차 성징이 발달한다.

그런데 우리는 애초에 생식선 자극 호르몬이 '왜' 이 시기에 분비되기 시작하는지를 모른다. 생식선 자극 호르몬이 규칙적으로 나오기 시작하는 시기를 결정하는 데에는 유전적 요인이 절반 정도는 작용할 것이다. 또한, 식생활이 달라도 사춘기가 시작되는 시기가 달라진다. 예를 들어 영양 섭취가 부족한 어린이는 2차 성징이 늦게 발달한다. 영양 섭취가 부족하면 지방 세포에서 분비되며 사춘기의 시작과 관계있다고 알려진 '렙틴'이라는 호르몬이 결핍될 수 있다. 인종과 민족이 달라도 사춘기가 시작되는 나이가 달라진다. 거주지의 해발고도조차도 영향을 준다고 알려졌다. 어떤 이들은 플라스틱 용기에서 나온 비스페놀 A나 식수에 함유된 에스트로젠 같은 환경오염 물질이 사춘기를 더 이르게 오도록 한다고 걱정한다. 이 모든 요인 가운데 가장 흥미로운 것은 사회적 요인인 스트레스와 가정환경이다. 예를 들어 친아버지가 함께 사는 가정에서 딸들이 초경을 늦게 하는 경향이 있다. 이렇다 보니 사춘기가 무엇 때문에(아니면 누구 때문에!) 특정 시기에 시작되는지 정확히 알기란 쉽지 않다.

글 / 그림
엘렌 스미스 / 바네사 데이비스
미국 공중보건국 위탁부대 전문간호사 / www.spanielrage.com

사춘기 - 바네사 데이비스
내 몸이 변하고 있긴 했는데, 사춘기가 온 줄은 전혀 몰랐다. / 어딘가 이상해. 벨트를 너무 졸라매고 다녔나? / 물론 엄마는 아셨다. / 금요일에 로드앤테일러 가서 네 브래지어를 사야겠군. / 뭐라구요!? / 어디선가 본 대로 몸에 코코아 버터를 바르기 시작했다. / 이제 꼼짝없이 이렇게 살아야 하는군. / 슥삭 슥삭 / 개학 날, 난 내가 얼마나 성숙하고 세련되게 바뀌었는지 모두에게 보여주려고 특별히 흰 티셔츠를 입었다. / 와, 여름 동안 완전 달라졌네! ▶

PUBERTY TIME
by Vanessa Davis

f anything was changing
out me, I didn't ever suspect
was PUBERTY, hard at work.

I look weird. Maybe I've been wearing my BELT too tight?
Kind of a dumdum

My mother did, of course.

I think on Friday we'll go to Lord+Taylor and get you a bra.
WHAT!?

read somewhere that I should
art slathering myself with
coa butter, so I did.

I guess this is my life, now.
SMEAR

On the first day of school, I
made sure to wear a white
shirt so everyone would see
how mature and sophisticated
I'd become.

WHOA, you changed A LOT this summer!
2011

QUESTION / 22

인간도 페로몬을 사용할까?

인간도 페로몬pheromone을 사용할까? 아무도 모른다. 어쨌든 많은 생명체가 냄새를 이용하여 의사소통한다. 일부 포유류는 냄새를 통해 교미하고 싶다는 신호를 보내서 짝짓기 상대를 찾고, 곤충은 다른 곤충에게 포식자가 가까이 있다고 경고할 때 곤충의 후각을 자극하는 화학 물질을 사용한다고 알려졌다. 또 어떤 식물은 상처를 입으면 냄새 신호를 내보내서 그 냄새 신호를 받은 주위 식물들이 쓴맛 나는 화합물을 몸속에서 만들어 초식동물들이 덜 먹게 한다는 사실이 밝혀졌다.

포유류의 페로몬 연구는 대부분 설치류의 후각 체계를 활용한다. 생쥐의 코에는 후각 영역이 두 군데 있다. 우리의 것과 같은 보통 후각 체계로는 먹이를 찾고, 비강 안에 따로 있는 '서비골vomeronaso organ'이라는 기관으로는 교미 행동을 좌우하는 페로몬을 감지한다.

사람의 후각 신경에 이상이 생기면 냄새도 맡을 수 없고 음식 맛도 거의 느낄 수 없게 된다. 사람의 미각은 냄새에 의존하기 때문이다. 그런데 생쥐의 서비골에 문제가 생기면 어떻게 될까?

하버드 대학의 분자신경생물학자 캐서린 둘락Catherine Dulac은 2007년 연구에서 생쥐의 서비골을 손상했을 때 생쥐의 성적 행동이 변화하는 것을 관찰했다. 서비골 속 통로가 제거된 생쥐 수컷은 암컷과 수컷을 잘 구분하지 못했고, 다른 수컷에 대한 공격성도 줄어들었다. 생쥐 암컷에 일어난 변화는 더욱 인상적이었다. "놀랍게도 돌연변이 암컷들은 같은 종의 생쥐 암컷과 수컷 위에 올라타거나 생식기를 내밀거나 항문과 생식기의 냄새를 맡거나 복잡한 초음파 신호를 보내는, 수컷에만 국한된 성적 행동과 구애 행동을 했다." 이 암컷들은 평소처럼 수컷의 생식기를 받아들이기 좋은 척추 전만 체위로 기다리는 대신 수컷이든 암컷이든 가까이 있는 생쥐 위에 올라탔다.

오늘날까지 생쥐의 서비골과 비슷한 기관은 인간에서 발견되지 않았지만, 사람의 성적 행동과 생식 능력이 냄새의 영향을 받는다는 증거가 있고, 그 사실을 이용하여 만든 제품도 많이 나와 있다. 페로몬이 들어 있다고 주장하는 재미있는 제품 광고도 많지만, 인간이 냄새를 맡고서 둘락이 관찰한 생쥐만큼 성적 행동이 돌변하는 현상은 아직까지 관찰된 적이 없다. 사람에게는 커피를 마시며 나누는 은밀한 속삭임에서부터 화려한 속옷에 이르기까지 냄새 말고도 강한 신호를 보내는 방법이 많이 있다. 하지만 누가 알겠는가? 몇 년 뒤에 후각을 활용한 새로운 성 혁명이 기다리고 있을지.

글 / 그림
애비게일 코언 / 마크 멀로니
드렉셀 대학교 의과대학 / www.markmulroney.com

QUESTION / 23

성적 취향은 타고날까?

동성애를 포함하여 성적 취향과 행동의 다양성은 인류의 긴 역사에 기록되었고, 인간이 아닌 다른 생물 종에서도 나타난다. 성적 취향이 선천적이냐 후천적이냐는 논의도 역사가 오래되었고, 지금도 정답이 없으며, 여전히 논란의 중심에 있는 과학 주제다.

성적 취향에 유전적 요소가 있다는 증거는 쌍둥이 연구에서 나왔다. 형제자매가 동성애자인 경우, 유전자가 100퍼센트 일치하는 일란성 쌍둥이는 유전자가 50퍼센트 일치하는 이란성 쌍둥이나 쌍둥이가 아닐 때보다 동성애자일 확률이 훨씬 높다. 그런데 진화의 관점에서 보자면 동성애는 모순되어 보인다. 자연선택의 메커니즘은 왜 생식과 상관없는 성적 행동을 관장하는 유전자가 후대에 전해지도록 내버려둔 것일까? 이런 현상을 설명하는 주된 이론은 혈연 선택kin selection 이론으로, 동성애자는 스스로 번식할 기회를 줄이는 대신에 자신과 같은 유전자 일부를 지닌 조카들을 돌봄으로써 그 유전자가 후대에 전해질 확률을 높인다고 주장한다. 다른 이론에서는 남성의 동성애를 관장하는 유전자가 그 가계에 속한 여성의 생식 능력을 강화해서 전체적으로 그리고 장기적으로 번식률을 높인다고 주장한다.

일부 과학자는 동성애자와 이성애자 사이의 여러 생물학적 차이점이 바로 '선천적' 요소가 있다는 증거라고 주장한다. 예를 들어 한 연구는 동성애자 남성과 이성애자 남성에서 뇌의 특정 부분이 다르게 생겼음을 입증했다(여성에서는 그 차이가 더 작다). 그러나 이런 생물학적 연구 결과가 거듭 확인된다고 해서, 성적 취향이 반드시 선천적임을 뜻하는 것은 아니다. 예를 들어 뇌 구조의 차이는 태아 시기에 성호르몬에 노출된 정도의 영향을 받는다는 증거가 있다.

유전 요인도 성적 취향에 직접 영향을 미치는 것이 아니라 개체의 발달 과정에서 동성애나 이성애 취향에 영향을 주는 더 일반적인 특징(예를 들어 생리적 흥분의 정도)에 영향을 주는 것일 수 있다. 성적 취향의 과학적 탐구는 아직 초기 단계이며 논쟁거리가 되지만, 과학자들은 성적 취향이 대부분 사회 행동과 마찬가지로 타고난 본성과 환경의 영향이 함께 작용한 결과라는 의견으로 점차 기울고 있다. '동성애 유전자'를 찾든 찾지 못하든, 이 논란을 해결하려면 앞으로 생물학자와 사회학자들이 해야 할 일이 많다.

글 / 그림
브레트 마로킨 / 에디 페이크
예일 대학교 박사과정 / www.ediefake.com

그림 a 동성애 유전자 ▶

fig. a gay gene

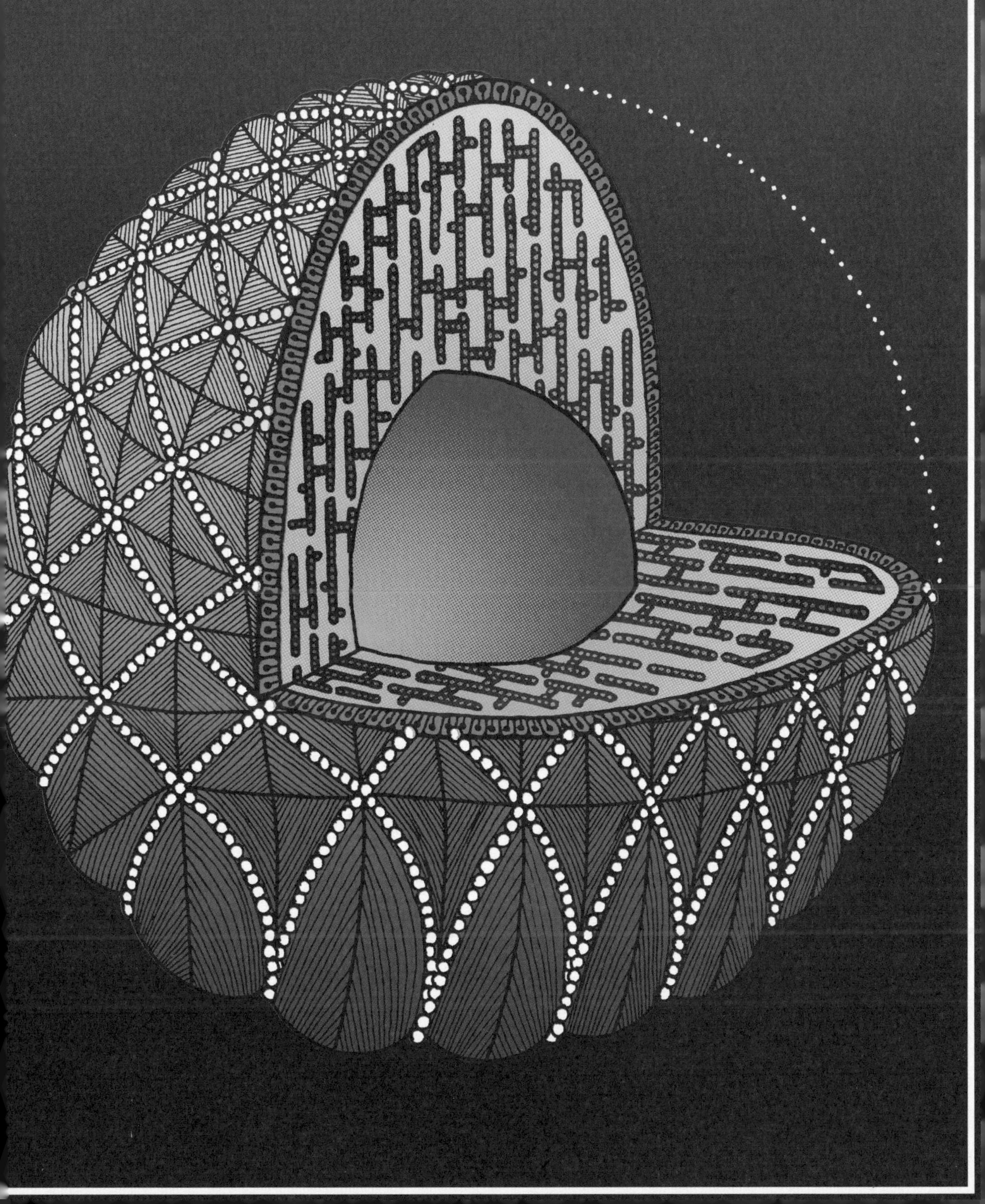

QUESTION / 24

우리에게는 왜 충수가 있을까?

과학자들은 사람의 충수appendix가 무엇에서 진화했는지, 충수의 기능이 무엇인지에 대해 결론을 내리지 못했지만, 사람에게 왜 충수가 있고 충수가 어떤 일을 하는지에 관한 몇 가지 이론이 있다. 충수는 흔적 기관일 수 있다. 인간의 조상이 육식보다 초식을 주로 하던 시절에 식물성 섬유를 소화하는 맹장이 지금보다 더 크고 길었는데 그것의 일부가 쪼그라든 흔적일 수 있다는 것이다. 이 이론은 현대 초식동물의 맹장이 크다는 사실에 바탕을 두었다.

어떤 이들은 현대 인간의 충수가 아무런 기능을 하지 않는다고 생각하고, 또 어떤 이들은 대장에 필요한 미생물이 충수 안에서 서식한다고 생각한다. 설사 같은 문제로 대장 내 미생물 분포가 교란되면, 충수에서 대장에 필요한 미생물을 보낼 수 있다. 충수에는 면역 체계의 중요한 부분인 림프계와 관련이 있는 림프성 조직도 많이 들어 있는 것으로 보아 이 기관은 우리 몸의 면역 체계에도 이바지하는 듯하다. 그러나 충수가 면역에 정확히 어떤 역할을 하는지는 아직 모른다.

지금도 과학자들은 영장류 충수의 특성과 구성 물질을 연구하면서 그것의 기원과 기능을 추적하는 중이다.

글 / 그림
헬렌 A. 마케위치 박사 / 패트릭 카일
www.patrickkyle.com

QUESTION / 25

우리에게는 왜 지문이 있을까?

예전부터 우리는 특히 높은 곳에 오를 때 암벽 등의 표면에 손바닥이 잘 달라붙도록 지문이 발달했다고 믿어왔다. 실제로 대부분 영장류는 물론이고 나무 위나 바닷속에서 사는 포유류의 손가락과 발가락에는 지문이 있다. 이런 생각은 보통 결이 있거나 울퉁불퉁한 표면이 매끈한 표면보다 마찰력이 크므로 울퉁불퉁한 표면에 달라붙기 쉽다는 사실을 바탕으로 한다. 그러나 최신 연구에서 표면에 가하는 압력에 따라 울퉁불퉁한 감지기(지문이 있는 손가락)가 매끈한 감지기(지문이 없는 손가락)보다 마른 표면과의 접촉 면적이 작아서 마찰력이 줄어들 때가 있다는 사실이 밝혀지면서, 기존의 설명이 의심을 받고 있다. 이 연구에 따르면 어떤 환경에서는 지문이 표면에 달라붙는 데 오히려 방해된다.

분명한 것은 젖은 표면에 손가락이 달라붙는 데에는 지문이 도움이 된다는 사실이다. 지문의 파인 공간은 손가락과 표면 사이로 물이 흘러가는 통로가 되므로 미끄러운 물의 막이 형성되지 않게 해준다. 이 이론을 확장하여 손가락을 물에 너무 오래 담갔을 때 왜 주름이 지는지 설명하기도 한다. 주름의 파인 부분이 깊을수록 물이 효과적으로 빠져나간다.

지문은 사물의 질감을 느끼는 데에도 핵심적인 역할을 한다. 표면이 울퉁불퉁한 감지기로 사물을 만지면 표면이 부드러운 감지기로 같은 사물을 만질 때보다 진동이 훨씬 많이 생긴다. 압력과 진동을 감지하는 신경 말단인 파치니 소체가 표면적이 넓은 손가락 끝에 빽빽하게 집중되어 있으므로, 손가락으로 사물을 만질 때 진동 양상의 변화에 주의를 기울임으로써 미묘한 질감 변화를 감지한다.

글 / 그림
드류 라이트 / 노라 크루그
웨일 코넬 의학대학원 연구사서 / www.nora-krug.com

생존의 기술
Q. 우리에게는 왜 지문이 있을까?
그림 1. 높은 곳에 오를 때 표면에 달라붙기 좋다.
그림 2. 젖은 표면에 잘 달라붙는다.
그림 3. 표면의 질감을 감지한다.
지문 ▶

The Art of Survival

Q.: Why do we have fingerprints?

Fig. 1: Climbing Support

Fig. 2: Wet Surface Traction

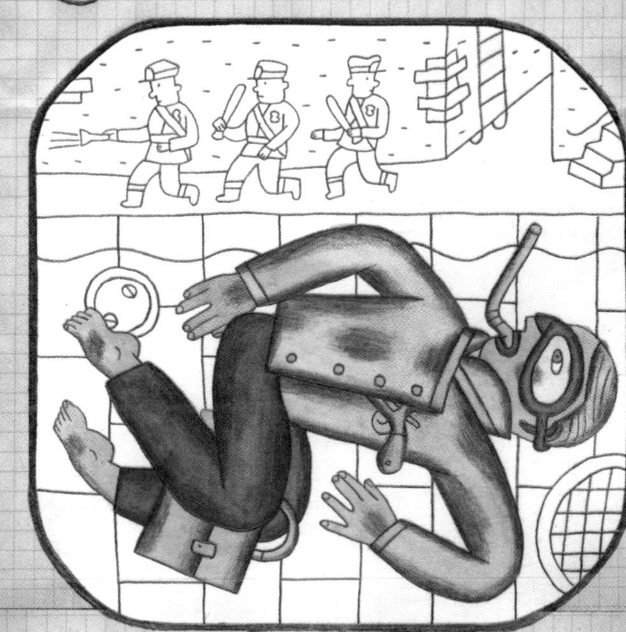

Fig. 3: Texture Detection

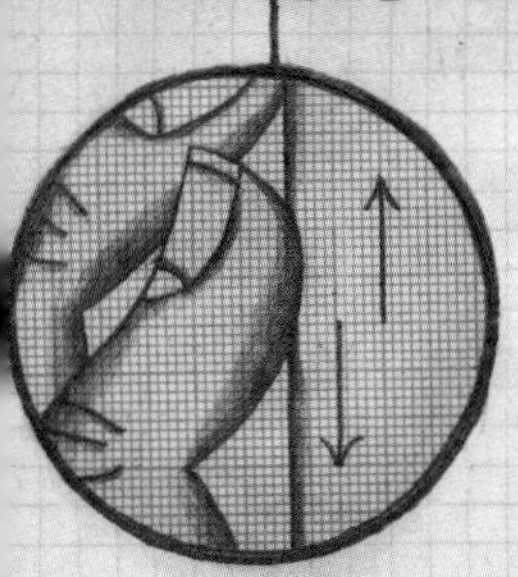

1.a.

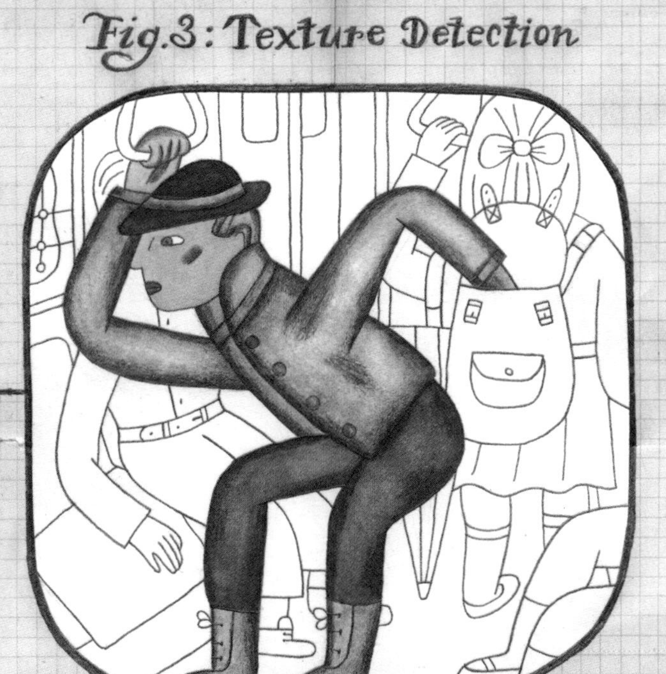

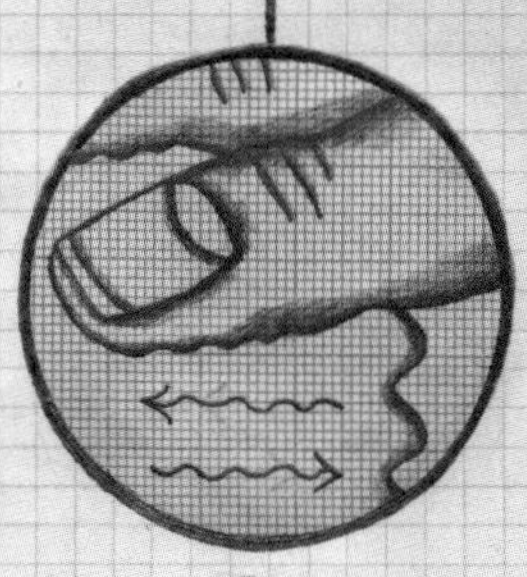

2.a.

3.a.

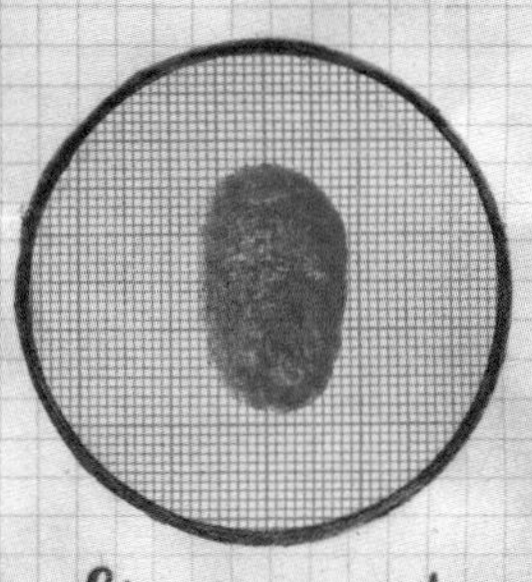

fingerprint

QUESTION / 26

언어를 배우는 능력은 어떻게 생길까?

의사소통하는 동물은 많지만, 이중분절* 언어를 사용하는 생물 종은 인간밖에 없다. 언어 발달에 가장 중요한 시기인 0세부터 8세 사이에 적절한 환경에서 언어를 접한 사람이면 누구나 그 언어를 배운다. 어린이는 먼저 언어의 작은 단위들, 'ㅁ', 'ㅂ'과 같은 음소와 그 언어를 이루는 소리를 배운다. 그다음에는 '반달'의 '반'처럼 단어를 이루는 구성 요소이면서 의미를 지니는 최소 단위인 형태소를 익힌다. 나중에는 이 모든 요소를 종합하여 단어와 구절과 문장을 만들 줄 알게 된다. 그런데 동물에게는 이런 이중분절의 언어가 없다. 인간에게는 말과 글로 된 언어 외에도 수화처럼 고유한 문법이 있는 기호 언어를 만들어내고 배우는 능력이 있다.

그런데 인간은 어떻게 해서 언어를 배우는 능력을 갖추게 되었을까? 노암 촘스키Noam Chomsky와 같은 언어학자들이 예전에 세운 이론은 모든 언어의 바탕에 보편적 문법이 깔려 있고, 인간이 선천적으로 언어를 배우는 능력을 지니도록 진화했다고 주장한다. 다시 말해 서로 다른 언어는 각기 달라 보이지만, 모든 언어에는 기본적으로 공통점이 있고, 언어 학습은 인간의 선천적 능력이다. 그러나 현재까지 아무도 보편적 문법이 존재한다고 입증하지 못했고, 언어학계에서는 보편 문법 이론을 두고 논쟁을 벌이고 있다. 어떤 언어학자들은 인간에게 언어를 배우는 선천적 능력이 없고 단지 보고 듣는 것을 흉내 내면서 언어를 배운다고 말한다. 인간의 능력을 조금 더 존중하는 다른 언어학자들은 우리가 남을 흉내 내는 대신 각자에게 들리는 언어를 분석하여 문법 규칙을 찾아낸다고 주장한다.

연구자들은 외국어를 배우는 사람들과 의사소통 장애가 있는 사람들을 연구함으로써 언어에 관해 많은 사실을 알아낸다. 인간이 어떻게 언어를 배우는지에 대한 답은 영영 찾지 못할지도 모르지만, 우리에게 언어가 있는 한 이 문제를 얼마든지 논의할 수 있다.

* 이중분절(double articulation)은 언어가 1차 분절 요소인 형태소(morpheme)와 2차 분절 요소인 음소(phoneme)로 구성되었음을 뜻한다. 예를 들어 '아빠'라는 단어는 형태소 '아'와 형태소 '빠'가 결합한 형태이며 형태소 '아'는 음소 'ㅇ'과 음소 'ㅏ'로 구성되었다.

글 / 그림
리자 트링클 (교육학 석사) / 제레미빌
www.jeremyville.com

언어관제센터
모음 ▶

LANGUAGE
CENTRE
VOWELS
jeremyville

나무들도 서로 대화할까?

나무는 말이나 글로 대화하지 않고 우리가 친구들과 나누는 이야기만큼 흥미로운 화제를 주고받지는 않지만, 그날그날 살아가는 데 도움이 되는 정보를 주고받을 줄 안다. 오래전부터 알려진 나무의 여러 가지 형태의 대화를 간단히 설명할 수 있다. 어떤 나무가 주변에 있는 다른 나무들보다 조금 더 빠르게 자란다면, 그것은 주변 나무들에게 더 크게 자라라고 '말하고' 있는 셈이다. 우리는 주변 나무들이 그것을 '듣고' 이해하는 모습을 볼 수 있다. 큰 나무 주변에 있는 나무들은 햇빛을 잘 받기 위해 큰 나무의 그늘을 피해 가지를 옆이나 위로 뻗는다.

이보다 덜 미묘하고 더 음흉한 작전을 써서 대화하는 나무도 있다. 북미에서 급속히 번식하는 위성류 나무는 흙과 지하수에서 염분을 흡수하여 잎에 저장하고 결국에는 그것을 나무 주위의 표층 토양에 축적한다. 이 과정을 통해 표층 토양의 염도가 높아진다. 위성류 나무는 이렇게 짠 표토에서 잘 살지만 대부분 다른 식물은 살지 못하므로 그 지역의 식물 종의 다양성이 훼손된다. 이처럼 위성류 나무는 염도 높은 환경을 조성함으로써 자신과 같은 종에 속한 나무들만 근처에 살 수 있다는 의사를 전달한다.

일부 식물에서는 조금 더 협력적인 소통 형태가 관찰되었다. 최신 연구에서 산쑥 개체는 초식동물에게 잡아먹힐 위협 때문에 스트레스를 받았을 때, 풀 뜯는 곤충들이 싫어하는 맛이 나는 이차 대사산물*을 만들어낸다고 한다. 더 흥미로운 사실은 같은 종에 속하는 주위 풀들에 똑같은 물질을 뿌렸을 때 그 물질에 전혀 노출되지 않은 풀보다 잎이 덜 손상되었다는 것이다. 이 연구를 통해 식물이 다가오는 위험을 서로 경고한다고 추정할 수 있다. 우리가 식물의 의사소통 체계가 얼마나 복잡한지를 최근에야 알게 된 것을 보면, 나무가 서로 대화하는 모습에는 우리가 아직 모르는 측면이 틀림없이 더 많이 있을 것이다.

* 이차 대사산물은 생명체의 성장, 발달, 생식에 직접 관여하지 않는 물질로 특히 식물에서 다양하게 생산한다. '10. 영장류는 왜 유사 스테로이드를 생산하는 식물을 먹을까?'에 나오는 식물성 스테로이드도 이차 대사산물에 속한다.

글 / 그림
노아 그린버그 / 릴리 카레
라이트 수자원 컨설팅社 습지과학자·생태학자 / www.lillicarre.com

기다려!
일루와
쿵쿵
저기요
헤헤 ▶

psssst
c'mere
wait!
heh heh
sniff

QUESTION / 28

나무는 얼마나 오래 살까?

위풍당당한 나무를 보면 궁금해진다. 저 나무는 얼마나 오래 같은 자리를 지키고 서 있었을까? 알고 보면 믿기지 않을 정도로 오래되었을 수도 있다. 캘리포니아의 화이트 산맥에는 수령이 4,800년이 넘는 브리슬콘 소나무가 나이에 걸맞게 쭈글쭈글하고 뒤틀린 몸통으로 서 있다. 브리슬콘 소나무의 장수 비결은 무엇일까? 첫째, 시원하고 건조한 기후 덕분에 균류가 공격하여 나무가 약해지는 일이 없다. 둘째, 브리슬콘 나무는 내부가 빽빽하고 송진이 풍부하여 병원균을 효과적으로 방어한다. 브리슬콘 소나무보다 키가 더 큰 세쿼이아는 3,200년 넘게 산다. 기후 조건이 생존에 유리하고, 나무의 내부 구조와 껍질이 단단하면 병충해와 화재에서 보호되므로 그런 것들이 나무가 장수하는 비결이라고 볼 수 있다.

그런데 다른 형태의 장수도 있다. 나무가 스스로 복제할 능력이 있어서 몸통이 죽은 뒤에 뿌리에서 새 줄기가 자라난다면 어떨까? 각각의 개체가 고유의 유전자를 지닌 세쿼이아와 브리슬콘 소나무와 달리 포플러 나무는 수천 그루가 모인 작은 숲 전체가 하나의 개체일 때가 있다. 과학자들은 '판도(Pando; 라틴어로 '나는 퍼진다'라는 뜻)'라는 이름의 거대한 포플러 나무 자가복제 군체가 8만 년 이상 되었다고 추정했다. 복제된 개체는 나이가 들수록 건강이 악화된다고 생각하는 과학자도 있지만, 일부 과학자는 환경 조건이 적절하다면 자가복제 군체가 영원히 살아갈 수 있다고 주장한다.

글 / 그림
찰스 A. 녹 박사 / 베카 스타트란더
퀘백 주립 몽레알 대학교 박사 후 연구원 / www.beccastadtlander.com

QUESTION / 29

식충 식물은 왜 동물을 먹을까?

우리는 식물이 물과 햇빛과 가끔 뿌려주는 거름만 있으면 조용하고 평화롭게 살아간다고 믿는다. 그리고 식물을 음식, 옷, 간단한 장식품의 재료로 간주하기도 한다. 그런데 어떤 식물은 그리 호락호락하지 않다. 예를 들어 원생동물과 곤충과 작은 무척추동물까지 잡아먹는 전략이 고도로 발달한 식물도 있다. 이런 전략은 끈끈이주걱과 벌레잡이통풀에 달린 끈끈하거나 미끄러운 부속물처럼 수동적인 경우도 있고, 파리지옥풀과 벌레먹이말이 주머니에 먹이가 들어오면 순식간에 그것을 닫아버리듯이 적극적인 경우도 있다. 식물의 육식은 드문 사례처럼 보이지만, 이것은 결코 사소하거나 일회적인 적응 현상이 아니라 여러 식물 계통에서 독립적으로 진화한 특성이다. 종류가 다른 식물 종들에 어떻게 해서 '더 고등한' 동물을 섭취하는 식성이 생겼는지, 참으로 신기한 일이다.

식충 식물은 늪지에 많이 서식하는데, 늪지에서 광합성을 하기 어려워서 영양분을 얻기가 쉽지 않은 환경에 대응하느라 이런 전략을 개발할 수밖에 없었다는 이론이 있다. 그러나 어떤 점진적인 변화를 통해 이런 적응 방식이 생겼는지는 정확히 알 수 없다. 대체 어떤 작은 돌연변이를 통해 일부 수생식물의 진공 덫처럼 포식에 유리한 기관이 발달하기 시작했을까? 그리고 어떻게 그와 동시에 육식에 필요한 소화액과 대사과정이 생겨났을까? 일단 지금으로서는 몇몇 식물이 '얌전한 먹거리'라는 해묵은 꼬리표를 거부하고 포식자에 가까운 역할을 확보했다고 보면 될 듯싶다.

글
마가렛 스미스
뉴욕 대학교 자연과학 전문사서,
문헌정보학 석사

그림
짐 스토턴
www.jimtheillustrator.co.uk

QUESTION / 30

영원히 죽지 않는 생물체가 있을까?

우리가 아직 발견하지 못한 불멸의 생물체가 얼마나 더 있는지 알 수 없고, 그들에게서 수명을 연장하는 방법에 대한 실마리를 얻을 수 있을지도 모르겠지만, 실제로 영원히 사는 듯한 생물이 존재한다. 최근 과학자들은 소금의 결정에서 2억 5천만 년 된 포자를 발견했다(포자는 일부 세균이 성장 환경이 좋지 않을 때 동면하면서 좋은 환경이 조성될 때까지 기다린다. 그런 포자 상태로 수백만 년 동안 기다릴 수도 있다). 과학자들은 조심스럽게 소금 결정에서 포자를 추출해서 세균을 살려냈다. 이 미생물은 지구의 대륙이 거대한 땅덩어리로 뭉쳤다가 갈라지고, 공룡이 번성했다가 멸종하고, 최초의 백합이 피어나고, 현생 인류가 진화하는 사이에 줄곧 활동을 멈추고 있었다. 이 포자를 가만히 내버려두었다면 2억 5천만 년이 더 흘러도 살아 있을 테니 그 정도면 '불멸'이라고 해도 지나친 말이 아닐 것이다.

카리브 해에 사는 작은보호탑해파리 *Turritopsi nutricula*는 몸의 모든 부위를 몇 번이고 재생하는 능력이 있고 성숙한 뒤에 다시 미성숙한 상태로 돌아갈 수 있어서 사실상 영원히 산다고 볼 수 있다. 과학자들은 이 해파리가 어떻게 기적적으로 나이를 거꾸로 먹을 수 있는지, 그리고 왜 항상 나이를 거꾸로 먹지 않는지를 전혀 파악하지 못했다. 환경 변화 때문일 수도 있고, 단지 유전자 때문일 수도 있다.

일부 세균과 작은보호탑해파리는 어떻게 그렇게 오래 살 수 있을까? 이 불멸의 생명체들은 인간의 필멸성을 둘러싼 수수께끼를 푸는 실마리를 쥐고 있을지도 모른다.

글 / 그림
줄리 프레이 박사 / 코닝社 엔지니어
제시카 로스먼 박사 / 뉴욕시립대학 헌터 컬리지 조교수
스티븐 가르나시아 / www.stevenguarnaccia.com

해파리 / 바다의 노인들
1. 귀해파리
2. 지중해 금해파리
3. 지갑해파리
4. 뿌리해파리
5. 피라미드 모양 물잔 해파리 ▶

QUALLEN.

emeine Ohrenqualle (*Aurelia aurita L.*). 2. Goldqualle des Mittelmeers (*Chrysaora mediterranea Pér. et Les.*).
emeine Beutelqualle (*Charybdea marsupialis Pér. et Les.*). 4. Seelunge, Wurzelqualle (*Rhizostoma pulmo L.*).
5. Pyramidenförmige Becherqualle (*Lucernaria pyramidalis Haeck.*).

QUESTION / 31

어떤 해저 동물은 왜 몸에서 빛이 날까?

밤에 바닷속으로 몇 걸음만 걸어 들어가면 물이 반짝거리는 것을 볼 수 있다. 이것은 몸에서 빛을 내는 생체발광 와편모충류 덕분이다. 옛날 사람들이 마법인 줄 알았던 생체발광bioluminescence은 '루시퍼라아제'라는 효소가 루시페린 단백질과 산소가 결합하는 화학 반응을 촉진하여 살아 있는 생물의 몸에서 빛을 발산하는 현상이다. 이 현상은 세균, 해조류, 연체동물, 해파리, 갑각류, 오징어, 물고기 등 해양 생물에서 꽤 흔하게 볼 수 있다.

어찌 보면 생체발광은 지구에서 가장 흔한 소통 형태일 수도 있다. 그러나 각 생물이 정확히 어떤 목적으로 빛을 사용하는지는 아직 알려지지 않았다. 쥐덫 물고기에는 신호등처럼 빛을 내는 부위가 있고, 불을 켜거나 끄거나 그 부분을 몸속으로 집어넣을 수 있어서 그런 신호를 이용하여 소통한다. 하지만 그 신호의 정확한 의미가 무엇인지는 아직 알아내지 못했다. 다른 많은 물고기처럼 쥐덫 물고기도 스스로 빛을 만들어내는 것이 아니라 장기나 발광주머니에 발광 세균을 저장해놓는다.

과학자들은 이들 바다 동물이 먹이를 사냥하거나 적의 공격에 대항해서 자신을 방어하거나 짝짓기 상대를 유혹하는 등 일상적인 삶에서 생체발광을 이용한다고 추정한다. 예를 들어 아귀 암컷은 물고기를 유인하려고 고깃배에 매다는 집어등처럼 머리 위에 발광 세균 무리를 몰고 다닌다. 아귀의 먹이인 물고기가 잘 먹는 먹이가 보통 발광 세균으로 뒤덮여 있으므로 그 물고기를 유인하려는 작전이다. 어떤 해파리는 자신이 먹을 물고기를 유혹하기 위해 붉은빛을 내면서 그 물고기의 먹이인 검은 벼룩의 움직임을 흉내 낸다. 깊은 바다의 수면 가까이에서 배에 발광주머니가 있는 물고기와 무척추동물은 주변 빛과 비슷한 빛을 냄으로써 아래에서 위로 자신을 올려다보는 포식자가 그들의 윤곽을 분간하지 못하게 한다. 심해 새우와 오징어는 달아날 때 발광 물질을 내뿜어서 포식자들을 혼란에 빠지게 한다. 몇몇 물고기는 수컷과 암컷에서 각기 특유의 생체발광 양상을 보이는데, 이를 교미에 활용하는 것일 수도 있다.

포식자인 검은 벼룩이 와편모충류를 건드리면 와편모충류가 빛을 낸다. 이 현상을 설명하는 몇 가지 가설이 있다. 우선 와편모충류가 내는 빛에 검은 벼룩이 당황하여 우왕좌왕하는 동안 와편모충류가 도망칠 시간을 확보한다는 가설이 있다. 또는 빛이 검은 벼룩의 포식자를 유인한다는 설명도 있다. 다른 과학자들은 생체발광이 와편모조류에게 특별히 이득이 되지 않고 단지 산소가 없었던 원시 지구에서 진화했던 특성이 남은 것뿐이라고 주장하기도 한다. 새로 진화한 광합성 식물이 생산한 산소가 많아지자 산소 없이도 잘 살던 동물들은 불편을 느꼈고, 그 동물들이 성가신 산소를 제거하는 데 와편모충류에서 발달한 생체발광 화학 경로를 이용했다는 것이다.

글 / 그림
린다 다나 박사 / Apak
밴쿠버아일랜드 대학교 박사 후 연구원 / www.apakstudio.com

QUESTION / 32

고래는 왜 해변으로 올라올까?

어떤 동물이 뜻밖의 장소에 나타나면 늘 대중의 관심을 사로잡는다. 고래 한 마리 또는 고래 떼가 해변에 올라오면 세상이 떠들썩해지고, 사람들은 고래를 구하는 데 온갖 노력을 기울이곤 한다. 그런데 이렇게 고래가 해변에 누워 오도 가도 못하게 되기 직전에 대체 무슨 일이 일어났기에 이런 이상한 행동을 하는지는 아직도 밝혀지지 않았다. 그래도 연구자들은 고래가 해변으로 올라오는 빈도가 기후 온난화 주기나 고래의 먹이를 해안 쪽으로 더 가까이 몰아가는 해류 변화와 상관있다는 사실은 알게 되었다. 먹이 분포의 변화는 동물의 이동에 큰 영향을 미치므로 영양분이 풍부한 수역이 해안 쪽으로 이동하면 고래도 따라와서 해변으로 올라올 확률이 높아진다. 그러나 비록 일부 생물 종이 먹이를 따라 해안 쪽으로 가는 것은 사실이지만, 고래가 해변으로 올라갔을 때나 그 직전에 먹이를 먹고 있었다는 근거가 없을 때가 많다. 또 다른 연구자들은 고래가 지구자기장을 이용하여 길을 찾는다는 가설을 세우고, 고래가 자주 올라와서 죽는 해변이 지구자기장이 약한 위치인 것으로 보아 고래가 지구자기장을 잘못 감지하여 해변으로 올라온다고 주장한다.

떼를 지어 해변으로 올라오는 고래는 대부분 사회성이 있고, 먼바다에서 서식하는 종들이다. 무리의 일정 숫자 이상이 해안 쪽으로 가면 나머지도 따라간다. 사회성이 높은 고래 종이라고 해서 모두 무리 지어 해변으로 올라가는 것은 아니지만, 해안에서 집단 자살하는 고래 종은 모두 사회성이 높다. 그러나 고래가 왜 해안에 가까이 가는지를 안다고 해서 고래가 해변으로 올라가는 이유를 설명할 수는 없다. 어쩌면 고래가 길을 찾는 데 사용하는 음향 반사 신호가 수심이 얕은 곳에서 왜곡되어 길을 잃고 갈팡질팡하다가 해안 쪽으로 가는 조류에 휩쓸리는 것인지도 모른다. 어떤 고래 종은 당황했을 때 직선으로 헤엄치다가 앞에 있는 아무 해변에나 누워버린다. 해변에 올라간 고래는 몸에 독이 퍼졌거나 감염병에 걸렸거나 포식자나 어부들에게 상처를 입었거나 허리케인 같은 돌발적인 자연재해를 당했을 수도 있다. 해군의 음파 실험, 지진 실험, 해양 운송 활동, 여객선 운항의 경우처럼 사람이 물속과 물 위에서 내는 소음이 고래를 놀라게 하거나 고래의 길 찾기 능력을 교란할 수도 있다. 그러나 이런 일은 금방 끝나버릴 때가 많아서 고래가 해변으로 올라간 이후에 무슨 일이 있었는지 조사할 때쯤에는 원인을 알 수 없게 된다. 또한, 고래가 해변으로 올라올 당시에 그런 활동이 있었더라도 그저 우연일 수도 있다.

이처럼 고래의 이상 행동을 설명하려고 시도하는 많은 이론 가운데 가장 현실성 없는 것은 고래가 스트레스를 받아서 안전한 육지로 나온다는 이론이다.

글 / 그림
린다 다나 박사 / 젠 코라스
밴쿠버아일랜드 대학교 박사 후 연구원 / www.jencorace.com

QUESTION / 33

철새는 어떻게 고향으로 돌아갈까?

지도나 나침반이나 GPS 없이 수백, 수천 킬로미터의 직행 경로를 찾아가기는 몹시 어려운 일이다. 특히 길을 물어볼 곳이 없으면 더욱 그렇다. 그런데도 수많은 새와 바다거북 등의 동물이 아무 어려움 없이 먼 길을 찾아가는 듯하다. 사람들은 철새의 너무도 정밀한 경로 이동이 어떻게 이루어지는지를 알아내려고 새의 눈을 가리는 실험, 새의 목에 자석을 매다는 실험을 비롯하여 수많은 실험을 했다. 우리가 찾아낸 메커니즘은 동물들이 목적지로 가기 위해 택하는 여러 가지 경로만큼이나 다양하다.

어떤 거북은 알이 부화한 장소에서 멀리 떨어진 섭식지에 가기 위해 머나먼 섬에서 해류를 타고 떠내려오는, 거의 분간할 수 없는 흙의 흔적을 따라간다고 한다. 어떤 새들은 길을 찾는 데 별처럼 눈에 보이는 실마리를 이용하는 것으로 보인다. 또 어떤 새들은 자기장을 민감하게 감지하는 능력으로 지구자기장을 이용하여 고향으로 가는 직행로를 찾는다. 새가 지구자기장을 이용하는 정확한 메커니즘은 모르지만, 새의 눈에 들어 있는, 약한 자성을 띤 색소와 관련이 있다고 유추해볼 수는 있다. 결국, 정밀한 길 찾기 전략에는 매우 다양한 종류가 있고 생물종마다 각기 다른 방법을 사용한다는 것이 설득력 있는 설명인 듯하다.

글 / 그림

알렉산더 거션슨 박사
에코시프트 컨설팅社 공동대표,
산호세 대학 겸임교수

해리엇 러셀
www.harrietrussel.co.uk

플라다 섬
킬모리 마을 ▶

Pladda
KILMORY (det)
19
18
16
15

QUESTION / 34

동물은 동면하는 동안 왜 근육이 위축되지 않을까?

사람들은 흔히 "움직이지 않으면 사라진다."고 한다. 이 속담은 인간의 근육에 대해서도 옳은 말이다. 근육량은 계속 변한다. 규칙적으로 근력 운동을 하고 단백질을 적절하게 섭취하면 근육이 늘어나지만, 근육을 쓰지 않고 영양분이 부족하면 줄어든다. 실제로 팔이나 다리가 부러져서 깁스를 했다가 풀었을 때 근육이 눈에 띄게 줄어든 경험을 한 사람도 있을 것이다. 그런데 이상하게도 우리가 사람 근육과 관련하여 알고 있고 경험한 이런 사실은 동면하는 동물에게 적용되지 않는다.

혹독한 겨울이 되면 박쥐, 다람쥐, 곰과 같이 동면하는 동물들은 작은 굴이나 구멍에 들어가서 은둔하다. 몇 주 또는 몇 달 동안 열량을 거의 소모하지 않고 호흡을 비롯하여 모든 움직임을 최소한으로 줄이고 따뜻해졌을 때 활동하기 위해 에너지를 아낀다. 그런데 봄에 이 동물들은 근육이 별로 줄어들지 않은 몸으로 날쌔게 돌아다닌다. 어떤 경우에는 전보다 더 날렵하고 탄력이 넘친다. 동면이나 기면 상태에서 거의 굶으며 지내면 체중은 줄어들지만, 근육량은 변하지 않거나 오히려 늘어난다.

왜 그럴까? 아직은 그 이유를 잘 모른다. 동면하는 동물이 오랫동안 움직이지 않고 지내는 동안 재생 단백질을 평소보다 많이 만들어낼 가능성이 있다. 또는 동면하는 중에 주기적으로 몸을 뒤척이거나 신진대사 활성을 높여서 근육량이 줄어들지 않는다는 이론도 있다(사용하지 않는 차량 배터리가 방전되지 않도록 일주일에 한 번씩 시동을 걸어주는 것과 같다). 어찌 되었든, 동면하는 동물의 이런 특성을 자세히 파고들면 인간의 퇴화한 근육을 치료하거나 우주 비행 중의 근육 위축을 방지하는 데 도움이 될 수 있으므로 동면에 관한 연구는 계속될 것이다.

글 / 그림
마가렛 스미스
뉴욕 대학교 자연과학 전문사서,
문헌정보학 석사
앤드류 홀더
www.andrewholder.net

QUESTION / 35

고래는 왜 노래할까?

로저 페인Roger Payne과 스콧 맥베이Scott McVay가 1967년 고래의 노래를 처음 발견한 이래 수백만 명이 고래의 오싹하면서도 아름다운 노랫소리에 매혹되었다. 모든 고래가 소리를 내지만, 노래를 부른다고 알려진 고래는 수염고래, 흰긴수염고래, 귀신고래, 참고래 등 몇 종밖에 없다. 가장 놀라운 노래는 모든 동물을 통틀어 가장 길고 복잡한 발성으로 여겨지는 흑등고래*Megaptera novaeangliae*의 노래다. 흑등고래는 서식지에 따라 부르는 노래가 확연히 다르고, 그 노래는 또한 시간이 지나면서 서서히 변화한다. 그런데 과학자들은 최근 작은 고래 떼에 외부에서 한두 마리 고래가 들어와 새로운 노래를 부르면, 나머지 고래들이 모두 그 노래를 금세 배워서 부른다는 사실을 발견했다.

그러나 과학자들이 몇 가지 가설을 세웠을 뿐, 고래가 왜 노래하는지는 아직 잘 모른다. 고래의 수컷만 노래하고, 노래가 번식지 근처에서 가장 자주 들리므로, 과학자들은 고래의 노래가 짝짓기 상대를 유혹하거나 다른 수컷을 물리치는 성적 과시 행위의 일종이라는 이론을 제시했다. 다른 이론으로 고래의 노래가 인사, 위협, 개체 식별, 메아리 위치 측정법(반사하는 소리를 이용하여 물체를 찾는 방법), 원거리 통신 수단(일부 주파수가 낮은 노랫소리는 수천 마일 떨어진 곳에 있는 고래도 들을 수 있다.)으로 기능한다는 이론들이 있다. 그러나 고래가 특정한 노랫소리를 듣고 어떤 행동을 하는지는 관찰된 바가 극히 드물다. 그러므로 결론이 나려면 아직 멀었고 과학자들은 지금 이 순간에도 40년이 넘은 수수께끼의 해답을 찾고 있다.

글 / 그림
데이비드 카플란 박사 / 리사 콩돈
플로리다 대학교 생태수문학 연구실 박사 후 연구원 / www.lisacongdon.com

QUESTION / 36

박새 울음소리 '치커디'는 박새에게 어떤 의미가 있을까?

뒷마당에 자주 출몰하는 박새는 대단히 흥미로운 언어를 구사한다. 박새는 '치커디'라는 간단한 소리를 경고음으로 이용하고, '디' 음절의 반복 횟수를 조절하여 포식자의 몸집 크기를 표현한다. 매나 부엉이의 몸집이 클수록 '디' 음절의 개수가 적다. 붉은가슴 동고비처럼 박새가 아닌 다른 새들도 박새의 울음을 엿듣고 반응을 보인다. 박새가 몸집이 작아서 빠르게 움직일 수 있는 더 위험한 포식자를 경고하면 다른 새들은 더욱 주의를 기울인다. 박새와 동고비는 같은 지역에서 같은 포식자를 피해 다니며 겨울을 나므로, 그들이 서로 언어를 알아듣고 상대가 '하는 말'을 정확히 이해하는 것은 놀랍지 않다. 그런데 명금이 같은 명금에게서 명금만의 노래를 배우듯이 박새와 동고비는 어렸을 때 서로의 언어를 배웠을까? 그들은 몇 가지 생물 종의 노래를 귀 기울여 듣고 거기에 반응하는 것일까? 생물 종끼리 광범위하게 서로 엿듣는다는 사실을 감안하면, 박새가 다른 동물과 주고받는 정보의 내용은 우리가 상상하는 것보다 훨씬 더 복잡할지도 모른다.

글 / 그림
루시아 제이콥스 박사 / 수지 가레마니
캘리포니아 주립 버클리 대학 심리학과 조교수 / www.boygirlparty.com

그림 1-A 박새 ▶

Fig. 1-A :
CHICKADEE

QUESTION / 37

비둘기는 걸을 때 왜 머리를 까닥거릴까?

새중에는 걸을 때 머리를 까닥거리는 새가 많고, 그중에서도 비둘기가 이 특이한 행동으로 가장 널리 알려졌다. 얼핏 보기에 비둘기는 머리를 앞뒤로 움직이는 것 같지만, 사실은 몸이 앞으로 나아가는 동안에는 머리를 제자리에 고정하고 몸이 멈춘 순간에 머리를 앞으로 내밀어서 마치 머리를 앞뒤로 까닥거리는 듯한 착시를 일으킨다. 게다가 이 동작은 비둘기의 걸음과 꽤 정확하게 박자를 맞추어 이루어진다.

배리 프로스트Barrie Frost 박사는 러닝머신에 비둘기를 올려놓고 머리를 까닥거리는 모습을 녹화하여 연구했다. 그런데 러닝머신의 속도가 비둘기가 걷는 속도와 일치하자, 머리를 까닥거리는 움직임이 전혀 보이지 않았다. 프로스트 박사는 이 연구에서 비둘기의 머리 까닥거리기가 움직임이나 균형보다는 시각 처리와 시각 안정화와 관련 있다고 추론했다.

비둘기는 눈이 머리 양쪽 옆에 달려 있어서 시야가 넓다. 다른 동물보다 두 눈으로 함께 보는 시각 작용을 덜 이용하고, 눈을 거의 움직일 수 없다. 그러므로 머리를 까닥거리는 동작은 중요한 기능을 하는 것일 수 있다. 머리가 제자리에 고정되었을 때에는 주위 환경의 움직임을 감지하고, 머리를 앞으로 내밀 때에는 심도를 파악하는 것일 수 있다. 머리 까닥거리기는 넓은 시야와 함께 작용하여 매 같은 포식자를 경계하거나 사람이 뿌려주는 빵조각 같은 먹이를 얻을 기회를 놓치지 않도록 하는지도 모른다.

글 / 그림
미켈 마리아 델가도 / 알렉스 에벤 마이어
캘리포니아 주립 버클리 대학교 심리학과 박사과정, / www.eben.com
고양이 행동 전문상담사

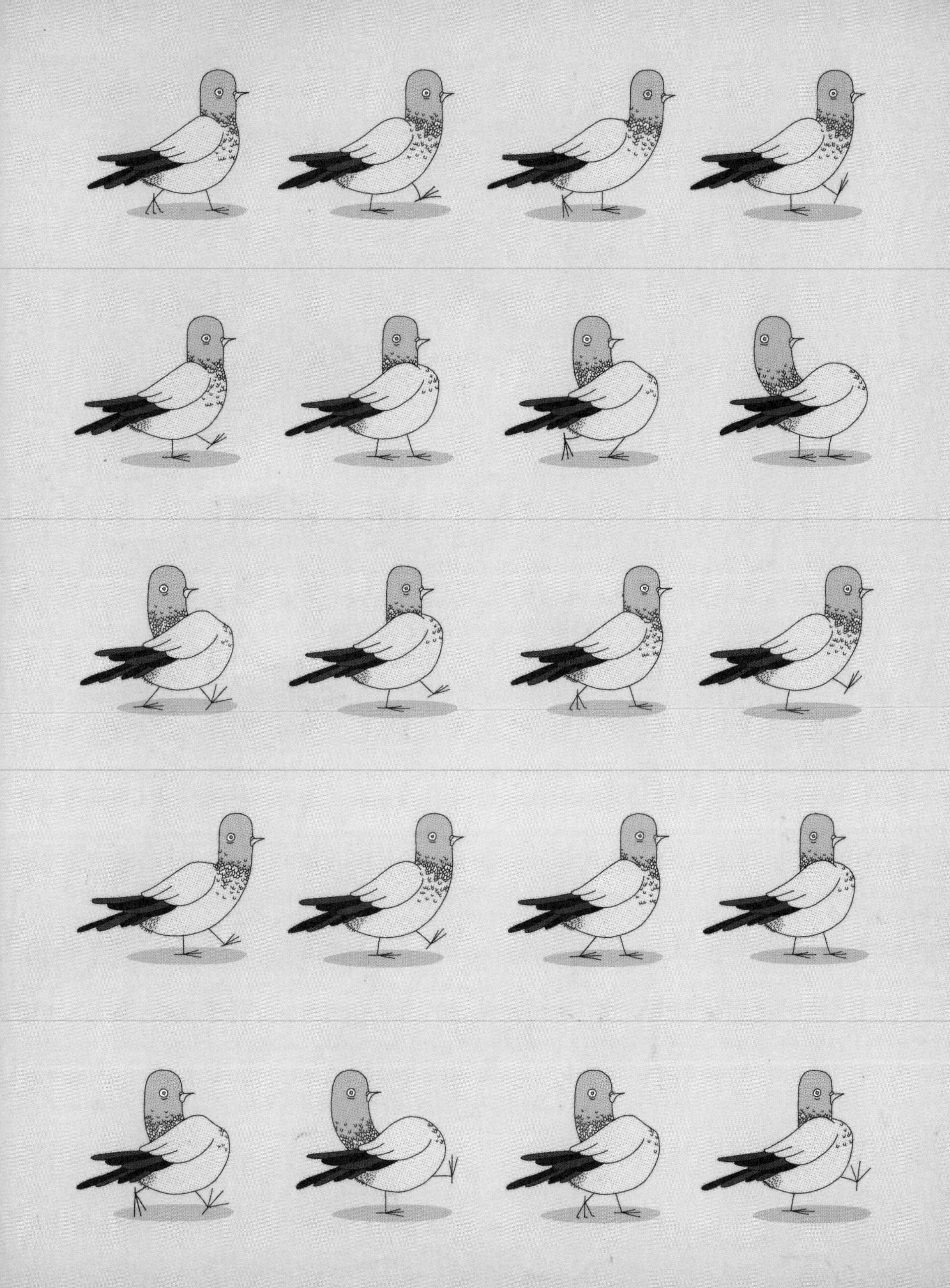

QUESTION / 38

다람쥐는 도토리를 어디에 묻었는지 기억할까?

다람쥐는 후각이 워낙 뛰어나므로 우리는 예전부터 다람쥐가 묻어놓은 도토리를 찾을 때 냄새로 찾아낸다고 생각했다. 그런데 실험실 연구에서 다람쥐가 도토리를 숨긴 장소에 대한 정신적 지도를 만들고 그 기억을 이용하여 장소를 정확하게 떠올린다는 사실을 발견했다. 동부회색다람쥐와 여우다람쥐는 해마다 가을이면 도토리를 5,000개도 넘게 숨겨놓는데, 그 많은 장소를 다 기억하는 것일까? 우리는 아직 확실히 알지 못한다. 먹이를 저장하는 계절에 회색다람쥐의 뇌가 실제로 커진다는 사실로 미루어 보아 기억 용량이 늘어나는 것일 수도 있다. 또한, 최근 연구에서는 한 다람쥐가 묻은 도토리를 다른 다람쥐가 찾아내는 일이 도토리를 그 자리에 묻는 모습을 목격하지 않았다면 거의 불가능하다는 사실을 밝혀냈다. 역설적으로 사람이 도토리를 다람쥐와 정확히 똑같은 깊이(약 2.5센티미터)의 땅 속에 묻으면, 다람쥐는 너무도 쉽게 그 도토리를 찾아서 훔쳐간다. 다람쥐는 우리가 아직 알아내지 못한 방법을 사용하여 자신이 묻은 도토리의 냄새를 없애는 모양이다. 그래서 다람쥐는 도토리를 묻은 장소를 정확히 기억해야만 한다.

글 / 그림
루시아 제이콥스 박사 / 애런 메숀
캘리포니아 주립 버클리 대학 심리학과 조교수 / www.aaronmeshon.com

MESHON 11

QUESTION / 39

고양이는 왜 가르랑거릴까?

고양이가 가르랑거리는 것은 사람이나 다른 고양이를 포함하여 다른 개체와 접촉할 때 사용하는 촉각·청각 신호다. 가르랑거림purr은 편안함·즐거움과 관련 있지만, 어떤 고양이는 괴롭거나 통증을 느낄 때에도 가르랑거린다.

다른 동물도 비슷한 소리를 낼 수는 있지만, 가르랑거리는 것은 고양이과Felidae만의 고유한 특성이다. 고양이 종 대부분이 가르랑거린다. 새끼 고양이는 태어난 지 며칠만 지나면 숨을 들이쉬고 내쉴 때 후두 근육을 조절하여 연속적으로 들리는 특유의 진동음을 내며 가르랑거리기 시작한다.

고양이의 가르랑거림에 관해 몇 가지 이론이 있는데 모두 가르랑거림이 고양이의 생존에 이로운 이유를 설명한다. 최신 연구에서 가르랑거리는 고양이의 소리에는 각기 '긴급의 정도' 차이가 있고, 이를 사람이 분간한다는 사실이 밝혀졌다. 긴급한 가르랑거림은 주위 사람들의 반응을 강화하거나 변화시키므로, 고양이는 사람이 괴로움을 호소하는 소리에 민감하다는 사실을 이용하는 것인지도 모른다. 또한, 어미 고양이가 새끼에게 젖을 먹일 때 어미와 새끼 둘 다 자주 가르랑거리는 것을 보면, 이 소리는 새끼와 어미가 깊은 유대감을 형성하거나 유지하는 데 도움을 주는지도 모른다. 그리고 이 소리의 주파수는 고양이의 뼈 밀도를 높이고 뼈의 회복을 촉진한다고 알려졌으므로, 여기에 어떤 회복 기능이 있는지도 모른다. 이처럼 가르랑거림은 고양이가 상처를 입어서 에너지를 아껴야 할 때 회복을 돕는 방편일 수 있다.

글 / 그림

미켈 마리아 델가도
캘리포니아 주립 버클리 대학교 심리학과 박사과정,
고양이 행동 전문상담사

젬마 코렐
www.gemmacorrell.com

PURR
FIG. 1.
PURR
FIG. 2.
PURR
FIG. 3.
PURR
KITTEE
TREATZ
FIG. 4.
PURR
PURR
PURR
PURR
PURR
FIG. 5
PURR
FIG. 6.

QUESTION / 40

꿀벌은 춤추면서 무슨 말을 할까?

꿀벌은 상징적인 신호를 이용하여 과거의 일을 '말할' 수 있는 얼마 되지 않는 생물 가운데 하나다. 우리는 최근에야 꿀벌의 소리 없는 춤 언어가 뜻하는 바를 이해하기 시작했다. 꿀벌의 신호에 대한 최신 이론은 다음과 같다. 먹이를 구하는 데 성공한 벌은 벌집으로 돌아와서 8자 춤waggle dance으로 먹이가 있는 방향과 그곳까지의 거리를 알린다. 이때 거리는 8자 춤이 그리는 궤적 중에서 작은 폭으로 반복되는 횟수로 표현한다. 동료 벌들은 벌집의 수직 '무대'에서 8자 춤을 추는 벌의 춤을 보고 꽃밭의 위치를 정확히 알게 된다. 그렇게 새로 발견한 꽃밭에 갔다가 벌집으로 돌아온 다른 꿀벌은 무대에서 보았던 내용을 편집할 줄도 안다. 새 꽃밭에서 거미가 벌을 공격했다면, 그 벌은 벌집으로 돌아와서 8자 춤을 추는 벌들에게 춤을 멈추게 하여 이제 위험해진 그곳으로 다른 벌들을 데려가지 못하게 막는다. 춤추는 벌의 머리를 들이받고 짧고 독특한 윙윙 소리를 내면 벌들은 춤을 멈춘다. 이렇게 꿀벌은 서로 무엇을 하라고 말할 뿐만 아니라 무엇을 하지 말라고 말하기도 한다. 꿀벌은 또한 8자 춤을 이용하여 나중에 자리 잡을 벌집 위치를 고르는 '투표'도 한다. 1백 년 전에 연구를 시작했지만, 우리는 아직도 꿀벌이 하는 말과 그 내용에 관해 새로운 사실들을 계속 밝혀내고 있다. 한 가지 명백한 사실은 이 작은 동물이 우리가 상상한 것보다 훨씬 더 미묘한 언어로 대화하고 있다는 것이다.

글 / 그림
루시아 제이콥스 박사 / 케이틀린 키건
캘리포니아 주립 버클리 대학 심리학과 조교수 / www.caitlinkeegan.com

QUESTION / 41

사람과 개미는 왜 공통점이 많을까?

사람과 개미의 겉모습은 매우 다르지만, 과학자들은 사람이 행동 측면에서 모든 생물종 가운데 개미와 가장 비슷하다는 사실을 알아냈다.

개미는 사람처럼 각자 명확하게 정의된 역할을 수행하면서 사회가 원활하게 기능하게 한다. 개미 군집은 다른 군집과 전쟁도 하고 다른 개미를 노예로 삼기도 한다. 개미는 인간을 제외하면 농업 기술을 이용하는 유일한 생물 종이다. '정원사' 가위개미는 나뭇잎을 잘라 모아서 버섯을 기르고, '우유 아가씨' 개미는 진딧물을 돌보며 진딧물이 만든 달콤하고 끈적한 액체를 모으고, 최근에 제시된 가설에 따르면 먹이로 활용하려고 곤충 무리를 사육하는 '목장주' 개미도 있다. 게다가 과학자들은 역사적으로 인간 사회가 그랬던 것처럼 개미 집단에도 유순한 성격에서부터 공격적 성격에 이르기까지 각기 성격이 있을 뿐 아니라 군집에 속한 개체에도 각기 고유한 성격이 있다는 발상을 점차 인정하고 있다.

사람과 개미의 행동에는 왜 그토록 공통점이 많을까? 한 가지 근본적인 특징은 사람도 개미도 성공하기 위해서 사회적 상호작용에 의존한다는 점이다. 둘 다 개체가 극도로 전문화하는 것을 허용하는 사회에 크게 의존함으로써 놀라운 성공을 거두었다. 개미도 사람도 다른 동물보다 몸집이 크거나 힘이 세거나 발이 빠르지 않지만, 둘 다 협동을 통해 개체 하나가 단독으로 얻을 수 있는 것보다 훨씬 많은 것을 얻는다.

글 / 그림
사라 폭스 박사 / 잭 허드슨
사이프러스-페어뱅크스 독립학군 생물학·범죄과학 교사 / www.jack-hudson.com

개미와 사람 ▶

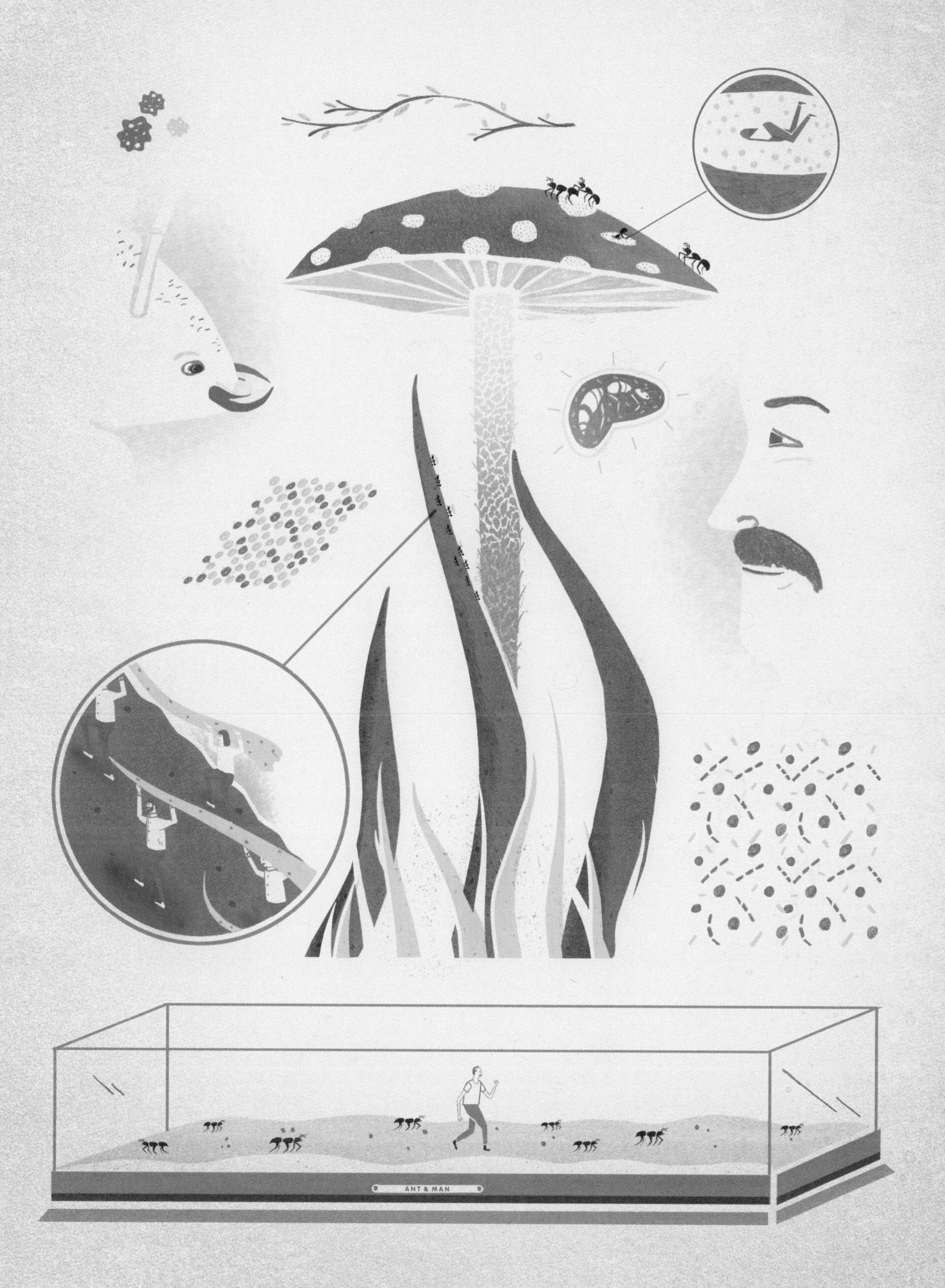
ANT & MAN

QUESTION / 42

기생충은 숙주의 사회적 습관을 얼마나 바꿔놓을 수 있을까?

기생충은 때로 자신이 기생한 숙주의 사회적 행동 양상을 극적으로 바꿔놓을 수 있다. 이것은 집단 상호작용 차원에서 나타날 수도 있고 한 개체에 국한해서 나타날 수도 있다. 기생충이 숙주가 된 개체의 행동과 사회적 습관을 뚜렷하게 바꿔놓는 고전적 사례로 선박과 고래에 달라붙는 따개비의 친척인 사쿨리나*Sacculina* 속 기생충에 감염된 게를 들 수 있다.

이 기생충은 기생충-숙주 관계에서 숙주를 자신의 후손을 생산하고 보호하는 대리모로 이용할 목적으로 숙주의 행동을 급격하게 바꿔놓는다. 기생충은 '켄트로곤'이라는 작은 암컷 애벌레 형태로 게의 몸속으로 들어가고 온몸의 신경계와 장기를 통과하며 자라난다. 결국 기생충 암컷은 게가 보통 알을 품는 부위의 조직을 흐물흐물하게 만든 다음, 기생충 수컷을 유인하여 그 부위에서 기생충 난자를 수정시킨다. 게는 그 수정란을 자신의 수정란으로 알고 그것에 영양분을 주고, 보살피고, 보호한다. 그러다가 산란기가 되면 게는 평소에 자신의 알을 낳듯이 기생충의 알을 산란한다. 기생충은 심지어 수컷 게의 행동과 신체 구조를 암컷처럼 바꾸어놓아 기생충의 알을 품고 암컷처럼 기생충의 알을 낳게 하는 능력도 있다.

이 신기한 예는 기생충이 숙주의 행동에 영향을 미치는 양상에 관해 우리가 아직도 모르는 구석이 많다는 사실을 보여준다. 예를 들어 성관계를 통해 퍼지는 기생충이 숙주의 성적 행동에 영향을 미치는지, 그리고 접촉을 통해 감염되는 기생충이 숙주의 접촉 양상에 변화를 일으키는지를 우리는 아직도 모르고 있다. 이처럼 기생충과 숙주의 역동적 상호작용은 오늘날 연구자들에게 대단히 매력적인 연구 주제다.

글
드와이트 D. 보우먼 박사
코넬 대학교 수의학대학원 교수

그림
테드 맥그라스
www.tedmcgrath.com

기상천외한 실화! #17
"어이쿠-게! 내 말을 들어라, 나는 너의 기생충 주인님이다! /
나는 곱빼기로 하겠다! 푸하하하……!"/
어이쿠-게의 공포: /
기생충에 조종당하는 미라-좀비 게!/
나는 곱빼기로 하겠다. ▶

WEIRD BUT REAL! #17

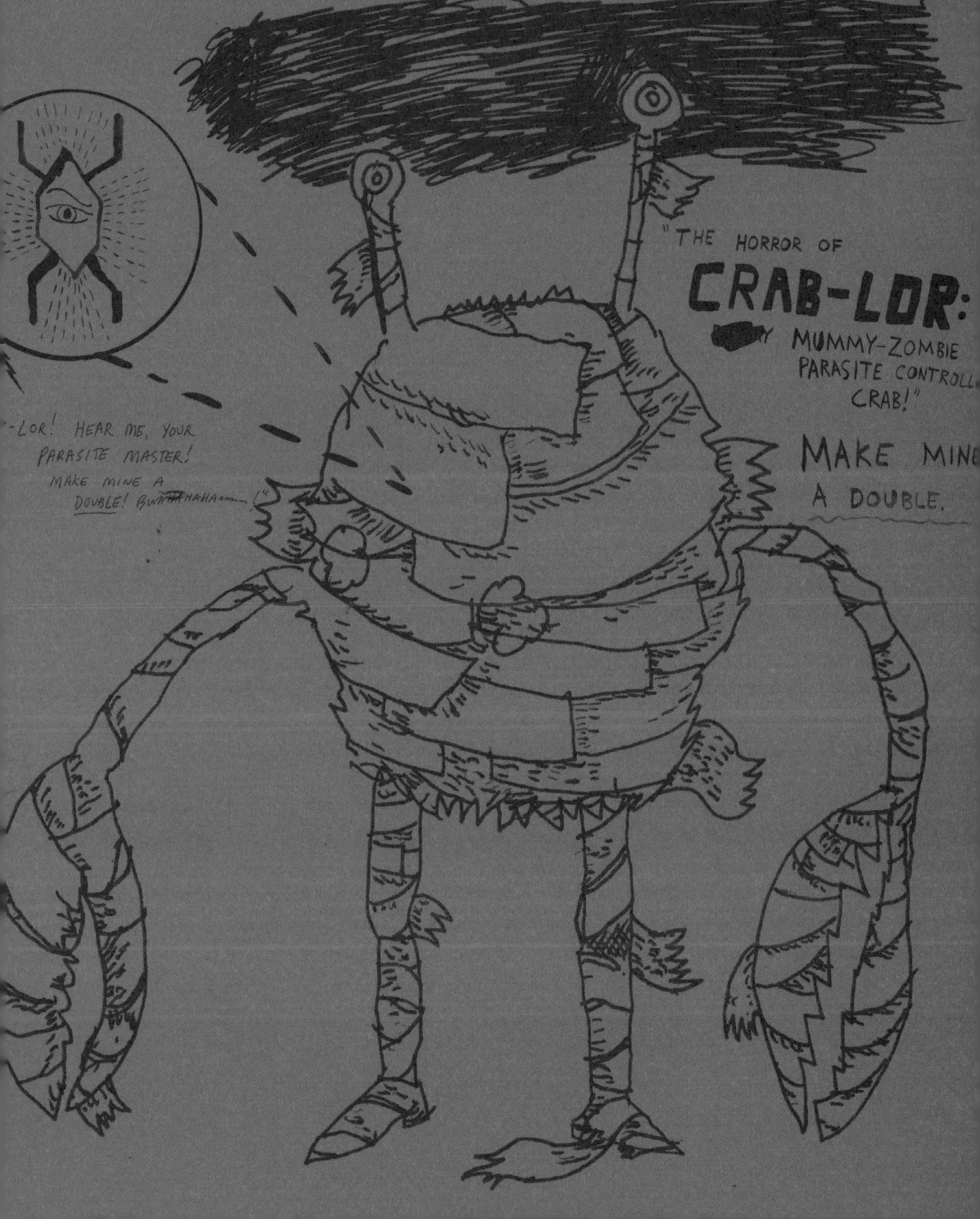

"THE HORROR OF

CRAB-LOR:

Y MUMMY-ZOMBIE
PARASITE CONTROLL
CRAB!"

-LOR! HEAR ME, YOUR
PARASITE MASTER!
MAKE MINE A
DOUBLE! BWAHAHAHA—!"

MAKE MINE
A DOUBLE.

QUESTION / 43

전 세계적 유행병은 어디서 시작될까?

어쩌다가 한 번씩 새로운 감염병이 나타나서 몇 주나 몇 달 동안 제한된 지역에서 조용히 돌다가 전 세계적 유행병pandemic으로 폭발한다. 다음 유행병이 언제 어디서 올지 예측하기는 어렵지만, 신종플루나 사스처럼 최근에 폭발적으로 퍼진 감염병에서 어느 정도 실마리를 찾을 수 있다.

우리는 대부분 새롭게 나타나는 감염병이 동물 바이러스가 인체에 들어가서 사람을 전염시키는 능력을 얻을 때 발생한다는 사실을 알고 있다. 에이즈를 일으키는 바이러스는 아프리카의 야생동물 고기 섭취를 통해 인체에 들어갔고, 니파 바이러스는 큰박쥐에서 돼지로 넘어갔다가 인체에 들어갔으며, 사스는 박쥐에서 시작되어 시장에서 파는 야생 사향고양이를 통해 사람 사이에 퍼졌다. 따라서 다음 유행병도 동물에서 비롯될 것이 거의 확실하다.

우리는 또한 사냥을 하거나 농사를 짓거나 시장에 갔을 경우 바이러스에 감염된 동물과 접촉할 확률이 높다는 사실도 알고 있다. 그리고 변화하는 토지 이용 방식과 삼림 벌채가 인간이 야생동물과 교류하는 정도에 영향을 미친다는 사실도 알고 있다. 그렇다면, 다음 유행병은 사람과 동물이 정기적으로 긴밀하게 접촉하는 지역에서 시작하리라는 것이 거의 분명하다. 그럴 가능성이 큰 지역으로 연구자들은 동남아시아를 지목하곤 한다.

감염병 발생은 피할 수 없는 일이고, 앞으로 몇 년 안에 전 세계적 유행병이 반드시 나타날 것이다. 다음 유행병이 언제 어디서 발생할지는 알 수 없지만, 널리 퍼지기 전에 새 질병을 발견할 수 있도록 동물들을 더 철저하게 감시할 수는 있을 것이다.

글 / 그림
제니퍼 가디 박사
브리티시컬럼비아 질병통제예방센터
분자감염병학 분과장
제임스 얼머
www.jamesulmer.com

QUESTION / 44

인간의 행동은 미리 정해져 있을까?

인간의 모든 행동 가운데 유전적으로 미리 정해져 있는 것은 얼마나 될까? 다시 말해 행동은 학습을 통해 익히는 것이 아니라 유전자만으로 통제되는 것일까? 이것은 '인간의 행동은 선천적인가, 후천적인가?'라는 해묵은 논쟁이다. 인간의 행동은 매우 복잡하고 각 행동의 여러 측면이 유전적 통제와 환경적 통제를 각기 다른 비율로 받을 수 있으므로 우리는 이 질문에 답할 수 없다. 예를 들어 어머니를 사랑하는 아기와 매운 음식을 아주 좋아하는 어른은 둘 다 어떤 행동을 하지만, 유전적 통제를 받는 정도가 다르다.

어떤 행동이 유전자만으로 통제될 때 그 행동은 '하드웨어에 내장되었다'고 말한다. 그런 행동은 빨리 습득하지만, 경직되어 융통성이 없다. 예를 들어 거미는 벌레를 먹지만, 당근을 절대로 먹지 않는다. 벌레가 없다면 거미는 굶어 죽을 것이고, 어떤 차원의 경험으로도 그 사실을 바꿀 수 없다. 거미와 달리 사람은 열렬히 학습한다. 사람은 말 그대로 자궁에서 무덤까지 항상 배우는 중이다. 더구나 사람에게는 배타적으로 학습에 몰두하는 삶의 단계가 있고, 그 시기가 비교적 길다. 그 삶의 단계는 유년기로, 평균 수명과 관계없이 평생의 15~20퍼센트를 차지한다. 영장류가 아닌 생물 종 가운데 학습에만 몰두할 수 있는 시기가 그토록 긴 생물 종은 없다. 인간은 배우기 위해 태어났다! 인간의 흥미로운 행동에는 유전자가 중요한 역할을 하기도 하지만, 유전만으로 결정되는 행동은 없다. 불행히도 인간 행동의 이런 유연성에는 대가가 따른다. 우리는 보통 행동한 사람에게 그 행동에 대해 책임을 묻는데, 행동한 사람을 언제 탓해야 하고 언제 탓하지 말아야 할까? 유감스럽게도 이것은 도덕적인 문제이므로 과학이 답할 수 없다.

글 / 그림
블라디미르 슬루츠키 박사 / 카텔 론카
오하이오 주립 대학교 교수 / www.catellronca.co.uk

Fig.2
Fig.1

QUESTION / 45

정신은 뇌에서 어떻게 생겨날까?

우리는 원자나 분자, 세포, 신경망, 뇌의 일부 영역, 뇌 전체 등 여러 차원에서 뇌를 연구할 수 있다. 그러나 이렇게 여러 차원에서 뇌가 작동하는 방식을 자세히 알게 되었는데도 아직 그 정보들을 통합하지 못하고 있다. 뇌를 구성하는 화학 물질에서 어떻게 정신이 생겨나는 것일까?

대부분 신경과학자가 이 물음에 답하기 위해 먼저 들여다보는 곳은 뇌의 생물학적 구성단위인 신경세포neuron다. 신경세포의 활동은 우리의 모든 사고와 감각과 행동과 감정을 불러일으킨다. 신경세포의 주요 활동은 두 신경세포 사이의 지극히 작은 공간인 시냅스synapse를 가로질러 화학 신호를 보냄으로써 다른 신경세포와 소통하는 것이다. 신경세포 한 개는 수백 수천 개의 다른 신경세포와 시냅스로 연결될 수 있고, 성인의 뇌에는 신경세포가 천억 개 가까이 있으므로, 이 모든 세포를 연결하는 방법의 경우의 수는 온 우주에 있는 원자의 개수보다 많다.

각 신경세포가 신호를 만들어내고 전달하는 메커니즘은 꽤 잘 알려졌지만, 이런 세포 차원의 메커니즘에서 어떻게 사람의 복잡한 행동과 의식적 경험이 비롯되는지는 아무도 모른다. 이 괴리는 신경과학에서 '차원의 문제'로 알려진 문제의 한 가지 예다. 세포 차원에서 인간 행동의 차원으로 어떻게 넘어갈 수 있을까? 역사적으로 과학자들은 이 괴리를 좁히기 위해 점점 더 강력한 도구로 뇌를 구성하는 물질을 파헤치고 분석하여 실제로 인간의 사고와 행동을 관장하는 세포를 찾아내려고 애썼다. 그러나 더 자세히 들여다볼수록 그런 세포는 존재하지 않는다는 사실을 깨달았다. 정신은 수십억 개의 신경세포가 망을 이루어 집합적으로 활동하는 가운데 생겨난다. '차원의 문제'에 대한 해답은 이 모든 활동의 구체적 양상 속에 있다. 정신은 신경세포망의 활동이 만들어낸 패턴에서 발생하고, 그 결과물은 각 구성 요소의 총합보다 훨씬 크고 복잡하다.

글 / 그림
미헌 크리스트
컬럼비아 대학교 생물학부
상주 편집위원
/
팀 리카스
컬럼비아 대학교
신경과학과 박사과정
/
제이콥 매그로
www.jacobmagraw.com

QUESTION / 46

우리는 왜 착시 현상에 속을까?

착시 현상은 어떤 의미에서 결국 우리의 시각 전체가 환상에 불과하다는 불편한 진실을 말해준다. 예를 들어 우리는 세상을 총천연색으로 본다고 생각하지만, 우리의 주변 시야는 해상도가 충격적일 정도로 낮다. 내 앞에 있는 사람이 색색의 형광펜을 손에 쥐고 팔을 옆으로 벌리고 있고 나는 그 사람의 코를 바라본다면, 나는 멀리서 무지갯빛이 어른거린다는 희미한 감각이 생기지만, 놀랍게도 어떤 색이 보이는지 전혀 구분할 수도 없고 색이 나열된 순서도 알 수 없다.

착시는 사람의 시각 체계가 처리하도록 진화한 범위의 한계를 시험하는 시각 자극에서 비롯한다. 뇌가 시각 자극을 배경에 융합하여 의미 있는 방향으로 해석하려고 시도할 때 종종 착시가 나타난다. 그러다 보니 착시 현상은 신경망 구조와 그것의 한계를 엿보는 독특한 기회로, 시각의 신경생물학에 관련된 중요한 실마리가 된다. 점이 찍혀 있는 종이를 눈앞에 바짝 가까이 대고 있다가 천천히 멀어지게 하면 어느 시점에서 종이에 찍혀 있던 점이 사라진다. 이 신기한 착시 현상은 우리가 보는 세상의 꽤 넓은 영역이 사실은 눈에 보이지 않는다는 사실을 알려준다. 이는 사람의 해부 구조에 무시할 수 없는 크기의 '맹점'이라는 특이한 부분이 있기 때문이다. 그런데도 사람의 뇌는 빠진 정보를 편리하게 채워넣기 때문에 눈의 맹점이 17세기에 우연히 발견될 때까지 아무도 우리 눈에 맹점이 있다는 사실을 알아채지 못했다. 뇌는 쉬지 않고 현실의 조각들을 만들어내고 있다.

사실 모든 시각 자극은 모호하다. 멀리 있는 진짜 트럭과 아주 가까이 놓인 작은 장난감 트럭이 망막에 완벽하게 똑같은 크기와 모양의 상을 만들 수 있다. 우리가 무엇을 보고 있는지 우리는 어떻게 아는가? '다중안정 자극'으로 알려진 일부 착시 현상은 뇌가 자극을 단순히 감지하는 데서 한 걸음 더 나아가 자극을 해석하고, 모호한 자극을 적극적으로 처리한다는 사실을 알려준다. 다중안정 자극을 설명하는 예로 자주 인용되는 유명한 그림, 즉 마주 보는 두 옆얼굴처럼 보이기도 하고, 꽃병처럼 보이기도 하는 그림이 있다. 종이에 그려진 그림은 전혀 변하지 않고 그대로지만, 마음의 눈에 비친 그림은 변한다. 놀랍게도 우리가 두 그림을 동시에 보는 일은 절대 없고, 여기서 시각은 눈이 받아들인 신호를 뇌가 이해하려고 고군분투하는 적극적 활동이라는 사실을 알 수 있다.

아직 설명되지 않은 착시 현상도 많다. 우리가 왜 그런 착시에 속는지 전혀 모르는 경우도 있다. 하지만 연구자들은 착시 현상이 어떻게 작동하는지를 이해하려고 애쓰고 있다. 역설적이게도 감각의 한계를 연구하면 우리가 감각을 어떻게 인지하는지 이해하는 실마리를 얻을 수도 있기 때문이다.

착시 효과 – 제니퍼 대니얼
마법의 머리! / 책을 180도 돌리면 다른 얼굴이 보입니다. / 어느 선이 더 길어 보이나요? 잘 보세요. / 손가락이 몇 개인가요? 자신 있어요? / 위의 두 소는 몸집 크기가 똑같아요. 정말이랍니다. / 무엇이 보이나요? 두 사람의 옆얼굴 윤곽이 보이나요, 아니면 화병이 보이나요? ▶

글 / 그림
미헌 크리스트
컬럼비아 대학교 생물학부
상주 편집위원
팀 리카스
컬럼비아 대학교
신경과학과 박사과정
제니퍼 대니얼
www.jenniferdaniel.com

OPTICAL ILLUSIONS

BY JENNIFER DANIEL

A MAGIC UPSIDE-DOWN HEAD!
TURN HER THE OTHER WAY TO SEE ANOTHER FACE.

A MAGIC UPSIDE-DOWN HEAD!
TURN HER THE OTHER WAY TO SEE ANOTHER FACE.

WHICH LINE IS LONGER?
LOOK CLOSELY.

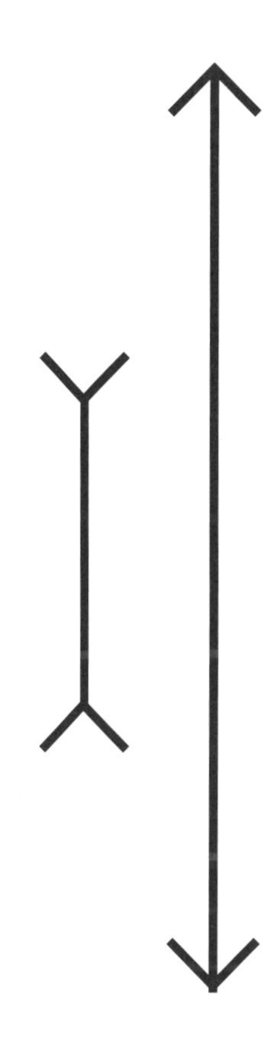

HOW MANY FINGERS ARE THERE?
ARE YOU SURE?

THESE COWS ARE
THE SAME SIZE. IT'S TRUE.

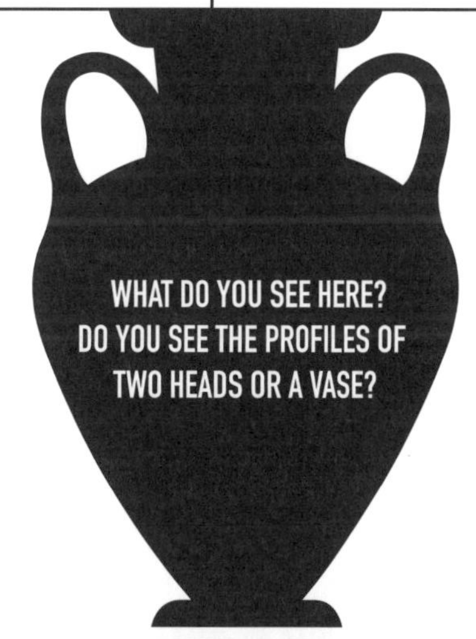

WHAT DO YOU SEE HERE?
DO YOU SEE THE PROFILES OF
TWO HEADS OR A VASE?

QUESTION / 47

사람의 뇌는 얼마나 유연할까?

최근까지만 해도 유년기에 뇌 발달이 일단 멈추면 뇌 구조가 고정된다고 생각했다. 그리고 사람이 늙으면 세포가 죽기 시작하고, 세포 사이 연결이 약해지고, 결국 재생이나 회복이 불가능할 정도로 뇌의 각 영역이 기능을 잃는다고 생각했다. 그런데 최근 과학자들은 뇌가 전에 생각하던 것보다 훨씬 유연하다는 사실을 발견했다. 신경과학자들은 이 비범한 특성에 뇌의 '가소성plasticity'이라는 이름을 붙였다.

가소성은 새로운 개념이 아니다. 1800년대 후반 지그문트 프로이트Sigmund Freud와 윌리엄 제임스William James는 뇌의 구조 변화가 학습·기억과 밀접한 관계가 있다는 이론을 제시했다. 그러나 1960년대와 1970년대가 되어서야 연구자들은 뇌의 가소성이 얼마나 대단한지를 깨닫기 시작했다. 뇌의 가소성 연구를 개척한 신경과학자 폴 바크이리타Paul Bach-y-Rita는 눈먼 사람들이 앞을 볼 수 있게 하는 기발한 장치를 고안했다. 눈 먼 피험자는 등을 자극하도록 전극 격자판을 설치한 치과 의자에 앉는다. 이 격자판은 사진기에 찍힌 영상을 나타내는 전극 활동을 일으키도록 사진기에 연결되었고, 마치 화소가 눈을 자극하듯이 전기 자극이 피험자의 등에 전달되었다. 놀랍게도 약간의 훈련을 받은 피험자들은 실험실 안에 있는 사물과 사람들을 볼 수 있었다. 실험자가 안경을 썼는지 쓰지 않았는지, 머리를 위로 올렸는지 내렸는지를 분간했고, 당시 유명했던 패션모델 트위기 로손의 사진도 알아보았다. 피험자들은 그 자극이 촉각 자극이 아니라 마치 시각 자극처럼 자신의 앞쪽 공간에서 다가오는 것으로 인식했다. 어떤 의미에서 이 피험자들은 피부로 보는 법을 배운 셈이다. 이런 실험을 통해 과학자들은 뇌가 전에 생각하던 것만큼 굳어 있지 않다고 확신하게 되었다.

가소성은 세포 차원에서부터 대뇌 피질의 굴곡에 새겨진 기능 분포 차원에 이르기까지 광범위하게 뇌가 변화하는 방식을 뜻한다. 1990년대 후반에 연구자들은 성인의 뇌에서 새 뉴런이 만들어진다는 사실을 입증함으로써 학습, 기억, 노화, 자아의 전체 구조에 관한 유서 깊은 전제들을 흔들어놓았다. 뇌가 변화하는 능력은 어느 정도일까? 병을 앓거나 다치고 나서 뇌가 회복할 때 이 능력을 어떻게 활용할 수 있을까? 가소성을 더 깊이 이해하면 정상적인 뇌 작용도 강화할 수 있을까? 가소성의 과학은 이제 막 발달하기 시작했지만, 그 영향으로 우리가 뇌를 생각하는 방식이 혁명적으로 변화하고 있다.

글 / 그림
미헌 크리스트
컬럼비아 대학교 생물학부
상주 편집위원
팀 리카스
컬럼비아 대학교
신경과학과 박사과정
매트 레인스
mattleinesart.tumblr.com

QUESTION / 48

사람과 침팬지는 DNA가 거의 같은데 왜 그토록 다르게 생겼을까?

모든 개체의 유전체genome에는 그 개체의 각 세포에서 합성하는 모든 단백질을 암호화하는 유전자가 들어 있다. 그러나 유전체에는 유전자만 들어 있는 것이 아니다. 각 유전자 바로 옆에는 그 유전자의 발현을 조절하는 비암호화 DNA 영역이 있다. 이 비암호화 DNA는 단백질을 합성하게 하는 유전 암호의 발현 강도를 라디오 볼륨처럼 높이거나 낮추면서 조절한다. 조절 영역은 특정 유전자의 볼륨 버튼과 같다.

다세포 생물의 각 세포에는 유전체 전체가 다 들어 있다. 그러나 각각의 세포는 그것이 만들 수 있는 단백질의 극히 일부만을 사용한다. 간세포에 꼭 필요한 어떤 단백질은 신경세포에 전혀 필요하지 않고, 오히려 해로울 수도 있다. 이런 문제를 막기 위해 각 세포는 유전자의 볼륨을 적절히 조절함으로써 세포에 필요한 단백질만 합성되도록 한다.

사람과 침팬지의 유전체는 95퍼센트 똑같고, 단백질을 암호화하는 유전자만 살펴보면 99퍼센트 이상 똑같다. 다시 말해서 사람과 침팬지의 유전자는 사실상 거의 같다. 차이는 조절 영역에 있다. 사람과 침팬지의 차이는 배아 발달 과정에서 다양한 유전자가 언제 어디서 얼마만큼 발현되는지에 따라 결정된다. 우리는 사람의 배아가 발달하는 동안 유전자가 어떤 양상으로 발현하는지를 거의 알지 못하고, 어느 유전자가 사람과 침팬지의 차이를 유발하는지도 전혀 모른다. 배아 발달 단계 중 언제, 어느 세포에서 차이가 나타나는지도 모른다. 결국, 유전체가 배아 발달을 어떻게 조절하는지를 알아내야 사람과 침팬지가 왜 다르게 생겼는지도 이해할 수 있을 것이다.

글 / 그림
로만 슬루츠키 / 매트 포시스
워싱턴 세인트루이스 대학교 생물의학부 박사과정 / www.comingupforair.net

휴식 / 거의 다 옴… / 샛길로 빠짐 / 듣기 / 해로움 / 불확실함 / 간 합성 ▶

REST

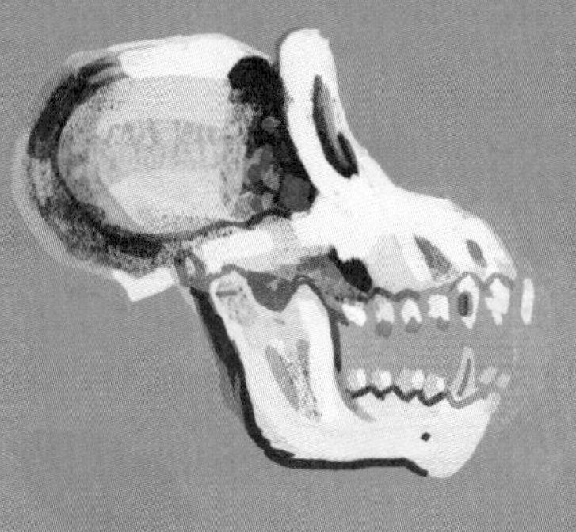
ALMOST THERE...

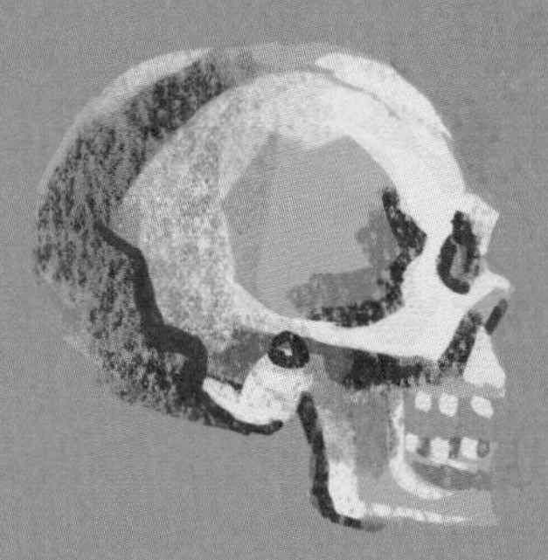
WRONG TURN

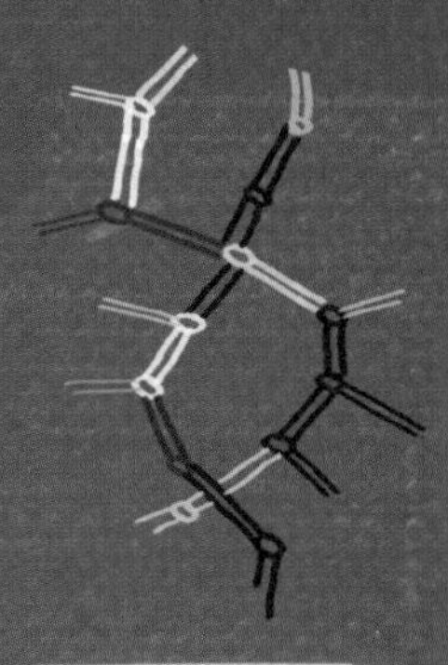
LISTEN

HARMFUL

UNSURE.

3 4 5 6 7 8 9
LIVER PRODUCTION

QUESTION / 49

우리 몸에는 '정크 DNA*'가 왜 그렇게 많을까?

DNA(Deoxyribonucleic acid)는 나선형으로 꼬인 긴 사다리 모양이고, 사다리 가로장이 네 가지 '염기(base)'로 이루어진 우아한 분자다. 그리고 단어를 이루는 글자의 순서, 문장을 이루는 단어의 순서와 마찬가지로 염기가 나열된 '순서'에 중요한 정보가 담겨 있다. DNA에 담긴 정보는 개체가 발달하고 기능하는 데 필요한 설계도다. 예를 들어 DNA는 우리 몸의 각 세포의 구성 요소이기도 하면서 생명 활동에 필요한 효소가 되기도 하는 단백질 합성을 암호화한다.

단백질 암호화가 DNA 설계도의 주된 역할로 알려졌지만, 우리의 유전자 가운데 극히 일부만이 단백질을 암호화한다. 유전 암호 역할을 하지 않는 나머지 비암호화 DNA는 거의 98퍼센트에 달한다고 추정하는데, 이것에 '정크 DNA'라는 유감스러운 별명이 붙었다. 수천 년 진화를 거치면서 유전자가 복제된 결과 생겨난 일부 비암호화 DNA에는 이 별명이 어울린다. 예를 들어 어떤 실험에서는 쥐 DNA의 0.1퍼센트를 제거해보았는데 아무런 변화를 감지할 수 없었기에 제거된 DNA에는 생물학적 기능이 없었다는 사실을 확인할 수 있었다.

그러나 우리는 비암호화 DNA 대부분이 사실은 생존에 꼭 필요하다는 사실을 계속 발견하고 있다. 이를 강력하게 뒷받침하는 증거가 오래전에 같은 조상에서 갈라져 나온 여러 생물 종의 유전체를 서로 비교하는 연구들이다. 그런 연구에서는 DNA에 돌연변이가 꾸준히 무작위로 축적되는 경향에도 불구하고 DNA의 어느 부분이 여러 생물 종에서 오랜 세월 공통으로 보존되었는지를 찾는다. 과학자들은 돌연변이가 일어날 가능성이 항상 있는데도 DNA의 특정 부분이 수백만 년 동안 보존되었다면, 그 부분은 어떤 핵심적인 기능을 하고 있는 것이 틀림없다고 생각한다. 그 부분에 돌연변이가 일어날 때마다 개체가 살아남지 못해서 후대에 변이된 유전자가 전해지지 못했을 뿐이다. 우리는 '정크 DNA'라고 부르는 것이 그토록 중요한 부분은 아닐 것으로 기대한다. 비암호화 DNA가 아무런 쓸모가 없다면 돌연변이가 마구 일어나도 개체의 생존에 해를 끼치지는 않을 것이다. 그런데 연구 결과, 오래전에 같은 조상에서 갈라져 나온 여러 종에서 공통으로 보존되는 DNA가 사실은 비암호화 DNA라는 사실이 밝혀졌다. 예를 들어 같은 조상에서 갈라져 나온 지 수천만 년이 지나서 각각의 유전자에 전반적으로 돌연변이가 대단히 많이 축적된 생쥐와 사람에게 공통으로 보존된 DNA의 80퍼센트가 단백질 합성과 관계가 없다.

그렇다면 '정크 DNA'는 단백질 유전 암호를 저장하는 역할이 아니라 대체 무슨 역할을 한다는 것일까? 가장 흔한 비암호화 DNA인 전이 인자(transposable element)는 과학자들도 아직 완전히 파악하지 못한 신비로운 존재다. 그래도 과학자들은 이 신기한 유전자 조각이 유전적 다양성이라는 이득과 유전적 결함이라는 손상을 주면서 유전체 한 곳에서 다른 곳으로 말 그대로 뜀뛰기를 한다는 사실을 발견했다. 전이 인자는 언제 어디서 얼마만큼의 DNA가 단백질로 전사되고 번역될지 조절하는 역할을 할 수 있다. 그러나 답을 찾지 못한 의문이 더 많다. 우리는 전이 인자가 유전체의 기능과 진화에 어떤 영향을 미쳤는지를 이제 막 엿보기 시작했다. 게다가 전이 인자는 비암호화 DNA의 한 종류일 뿐이다. '정크 DNA'는 진정으로 아무짝에도 쓸모없는 '정크'일까? 전혀 그렇지 않다.

* 정크 DNA는 화학 구조가 보통 DNA와 같지만 유전자 기능이 없는 DNA를 말한다. 정크(junk)는 '아무 짝에도 쓸모없는 쓰레기'라는 뜻이다.

글 / 그림
캐서린 필포트 (법학박사) 프리랜서 범죄학 컨설턴트
매트 라모스 www.also-online.com

KLEE

QUESTION / 50

성숙한 세포는 어떻게 '다시' 태어날까?

우리 몸은 수조 개의 세포로 이루어졌고, 이런 세포에는 수백 가지 종류가 있다. 모두 하나의 수정란에서 유래한 이 세포들이 계속 분열하면서 성숙 세포로 완전히 분화하면, 분열도 멈추고 세포의 운명도 결정된다. 그러나 예외가 하나 있다. 성체줄기세포adult stem cell는 부분적으로 성숙한 상태이면서 죽은 세포를 대체하려고 분열하는 능력도 갖추었다. 일부 성체줄기세포는 꽤 여러 가지 세포로 분화할 수 있지만, 대부분 그 줄기세포가 속한 조직에 있는 관련 세포 한두 가지로 분화한다. 이와 달리 배아줄기세포embryonic stem cell는 성숙한 개체의 어떤 세포로도 분화할 수 있다.

최근 배아줄기세포의 분화 능력을 성숙한 세포에 부여하는 기술이 개발되었다. 즉, 분화하기 전 상태로 되돌려서 '프로그래밍을 없앤' 세포는 분열하면서 우리 몸의 어떤 세포로도 분화할 수 있다. 다양한 질병과 노화의 악영향이 세포가 분열하고 스스로 재생하는 능력을 저하시키는데, 미분화된 세포를 이용하면 노화한 신체기관이나 조직을 재생하고, 실험실에서 이식용 신체기관도 만들 수 있다. 그렇게 되면 이식할 기관이나 조직이 이식자 자신의 세포로 형성된 것이므로 이식 거부 반응도 일어나지 않는다.

유감스럽게도 세포 분화를 되돌리는 최신 기술은 인간 유전자를 복제하여 세포 속에 삽입하는 과정을 거쳐야 하는데, 이 과정은 세포를 암세포로 만들 위험이 대단히 크다. 그러나 우리는 가까운 미래에 더 효율적이고 안전한 방법을 발견할 수 있을 것이다.

글 / 그림
키스 와이저 박사 / 벤 K. 보스
하와이 대학 박사 후 연구원 / www.benkvoss.com

success
failure

QUESTION / 51

세포는 어떻게 서로 대화할까?

세포 사이의 대화는 들리지 않지만 느껴진다. 신호와 수용체와 반응체로 구성된 세포 신호전달 경로cell signaling pathway를 통해 정보가 한 세포에서 다른 세포로 흐른다. 한 세포에서 다른 세포로 전달된 신호를 세포막에 있는 수용체가 받는다. 그러면 반응체가 자극을 받아 새로운 신호를 내보내거나 세포의 모양과 움직임을 변화시키거나 심지어 세포를 죽일 수도 있다. 세포는 종종 반사회적이거나 말이 너무 많아서 암과 같은 질병을 일으킬 수 있는 이웃 세포를 죽인다.

놀랍게도 동물에게는 주요 세포 신호전달 경로가 17가지밖에 없다. 이 경로들을 여러 가지 방식으로 조합하여 태아가 각기 다른 신체, 각기 다른 종으로 발달하는 과정이 이루어진다. 게다가 대부분 세포 신호전달 경로는 식물, 균류, 단세포 생물에서 유사하게 작동한다. 똑같은 수단을 이용하여 어떻게 그토록 다른 결과가 나올 수 있는지 참으로 경이롭다.

세포 신호전달 경로의 다음 세 가지 성질이 이 의문을 해결하는 실마리가 될 수 있다. 첫째, 하나의 신호전달 경로가 신호의 강도에 따라 완전히 다른 반응을 이끌어내곤 한다(부모가 아이에게 '안돼.', '안돼!', '안돼!!!'라고 말할 때처럼). 둘째, 반응체는 동시에 자극받은 둘 이상의 수용체가 내보내는 신호들의 조합을 구분하여 해석하는 능력이 있을 수 있다. 마지막으로 신호전달 경로 사이의 소통을 통해 반응을 미세하게 조절할 수 있다. 예를 들어 어떤 신호는 다른 신호전달 경로의 신호를 흡수함으로써 그 경로의 신호가 약해지는 효과를 낸다.

글 / 그림
저스틴 카시디 / 크리스 경
시카고 대학·노스웨스턴 대학 박사과정 / www.infinitearticle.com

QUESTION / 52

암이 발생할 확률은 지극히 낮은데 왜 암환자는 많을까?

암 덩어리가 눈에 보일 정도로 크게 자랄 확률은 사실 매우 낮다. 종양이 생기고 자라서 도중에 나타나는 장애를 모두 물리치고 살아남으려면, 드물게 벌어지는 일련의 사건들이 운 나쁘게 연쇄적으로 일어나야 한다. 첫 번째 장애물은 방금 복제된 새로운 세포의 DNA에서 복제 오류를 찾아내는 일군의 유전자로, 이들은 유전 복제 정확도의 수호자다. 이 수호자는 유전자에서 오류를 발견하면 돌연변이가 일어난 세포에 자살하라고 명령한다. 이를 생물학 용어로 '세포 사멸apoptosis'이라고 부른다. 우리 몸속에서는 돌연변이 세포들이 매 순간 생겼다가 사라진다. 그러나 수많은 돌연변이 가운데 특별한 종류의 돌연변이가 일어나야만 암이 발생한다. 그것은 '유전체 수호자'의 날카로운 눈길에서 벗어날 능력을 부여하는 돌연변이다. 그런 경우에 그 세포는 암 덩어리의 조상이 된다.

이 돌연변이 조상의 후손들은 정상 세포와 그리 다르지 않다. 그들은 정상 세포와 똑같이 유전자 수호자의 보호를 받으며 활동하고, 자살 명령을 받지 않는다. 이런 돌연변이 세포들은 이른바 다단계 발암 과정에서 돌연변이를 점점 더 많이 축적한다. 어떤 경우에는 치명적인 돌연변이가 일어나서 종양이 우리가 모르는 사이에 사라져버리기도 한다. 어떤 돌연변이는 종양에 이로운 특성이 있어서 종양이 각종 위험을 피하고 살아남는 데 도움을 준다. 종양이 부딪히는 가장 중대한 위험은 대단히 효과적인 감시 체계인 우리 몸의 '면역 체계'다. 면역 체계가 없었다면 우리는 모두 암을 몇 차례씩 앓고도 남았을 것이다. 그러나 나이가 들거나 에이즈와 같은 질병 때문에 면역 체계가 약해지면 새로 나타난 돌연변이 세포들을 잡아내지 못할 수 있다. 면역 체계의 감시에서 벗어난 종양 세포는 더욱 창의성을 발휘해야 한다. 산소나 영양소가 부족하거나 전혀 없거나, 세포가 자랄 공간이 제한되는 등 정상 세포가 죽는 환경에서 살아남을 수 있는 종류의 돌연변이를 일으켜야 한다. 암세포들이 이런 장애를 극복할 수 있도록 산소가 풍부한 혈액을 공급받을 새 혈관의 성장을 촉진하는 돌연변이도 있다. 또는, 주변 조직이나 혈관으로 숨어 들어가는 전략을 사용하기도 한다. 이렇게 되면 암세포가 고속도로를 달리듯이 몸속 어디든 돌아다닐 수 있다. 그러나 모든 암세포가 그 정도로 노련하지는 않다. 종양 세포가 분열하여 만들어진 일부 딸세포는 역경을 딛고 일어설 능력이 없어서 더는 복제되지 않고 사멸하기도 한다. 결국, 종양에는 대단히 강인하고 교활한 세포들이 풍부해지는데, 이 현상을 '종양 진행tumor progression'이라고 부른다. 암세포가 만나는 온갖 장애를 생각하면 암이 발생한다는 사실마저 믿기지 않는다. 그리고 암세포가 수많은 돌연변이 세포 가운데 가장 교활하고 똑똑하고 끈질기다는 사실을 염두에 둔다면, 암을 치료하는 일이 그토록 어려운 것이 놀랍지 않다.

글 / 그림
올가 이오프 의학박사 / 데이비드 히틀리
메릴랜드 주립대학 의학대학원 교수 / www.davidheatley.com

유전복제 정확도의 수호자 / 자살하라, 명령이다! / 아무도 날 못 봤지롱… / 찡! / 피가 필요해… / 하하하하 / 아직은 안 돼! / 뭐시기? / 안 돼애애애애! / 혈관 / 신난다! / 구조 요청! ▶

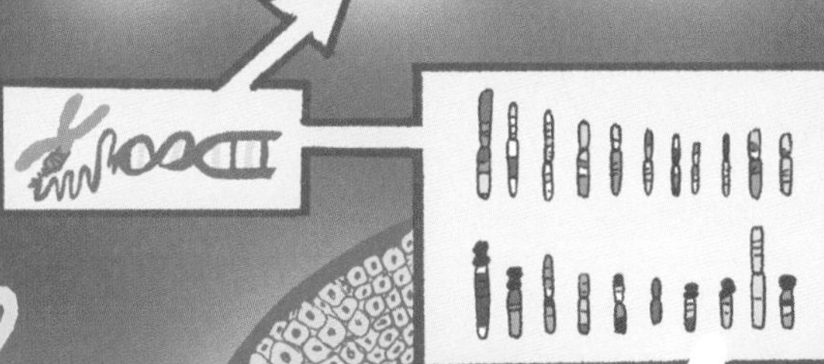

GUARDIAN OF GENETIC FIDELITY
YOU ARE ORDERED TO COMMIT SUICIDE!
NO ONE NOTICED ME...

POOF!

HA HA HA HA
NEED... BLOOD...
NOT SO FAST!
WHAT TH-?
NOOOOO!
WEEEE!
HELP!
BLOOD VESSEL

QUESTION / 53

나노 재료는 위험할까?

나노 입자의 크기는 1~100나노미터 사이다(1나노미터는 사람 머리카락의 약 10만 분의 1의 굵기다.). 이탈리아의 무라노에서는 수백 년 동안 반응성 높은 금 나노 입자를 넣어 선명한 붉은색 유리를 제작했다. 최근에는 항미생물 작용을 한다고 알려진 은 나노 입자를 공기청정기, 양말, 세탁기, 음식물 보관 용기, 컴퓨터 마우스 등 가정에서 흔히 사용하는 제품에 넣기도 한다. 나노미터 크기의 분자는 저열량 식품 첨가물, 유독 가스 탐지기, 잘 찢어지지 않고 내구성 높은 종이, 생체 의학 장비, 세포 특이적 약물 전달* 등에 사용할 것으로 예상하고 있다.

그런데 나노 재료nanomaterial를 사용할 때 생기는 위험의 종류와 강도에 관해 논란이 있다. 예를 들어 금 나노 입자를 넣은 무라노 유리공예 작품이 사람이나 환경에 유해하다는 증거가 기록된 적은 없지만, 전자제품의 제작 비용과 크기를 줄여줄 탄소 나노 튜브는 구조가 석면과 비슷하여 이를 다루는 직원이 안전 조치를 추가로 취해야 하는지를 검토하는 중이다. 나노 입자를 포함한 제품을 널리 사용하면 환경이나 인체에 나노 입자가 축적될까? 만약 그렇다면 나노 입자가 축적되어 해로울까, 이로울까? 항균성 은 나노 입자를 널리 사용하면 세균의 내성이 강해질까?

나노 재료의 안전성을 어떻게 가늠해야 하는지에 관해서도 이런저런 의문이 있다. 나노 재료의 위험도를 측정할 때 대부분 통제되고 고립된 실험실에서 생체 재료를 사용하여 실험한다. 일부 과학자는 그런 실험이 나노 물질이 동물과 사람에 어떤 영향을 주는지 예측하는 데 적절하다고 생각하지만, 여기에 의문을 제기하는 과학자도 있다. 특히 국제 표준화 기구International Organization for Standardization는 나노 입자가 들어간 각각의 제품에 대해 구체적인 안전 수칙을 만들어야 한다고 주장하고, 또 다른 과학자들은 엄격한 총괄 규정을 정립해야 한다고 주장한다.

* 세포 특이적 약물 전달(Cell-Specific Drug Delivery) 또는 표적화 약물 전달(Targeted Drug Delivery)은 약물을 치료하고자 하는 세포나 부위로 선택적으로 전달하는 설계를 말한다. 예를 들어 대부분 항암제는 정상세포와 암세포를 모두 공격하지만, 2000년 이후에 시판된 혈액암 치료제 '글리벡'은 정상세포를 거의 해치지 않고 암세포에만 작용하도록 설계되어 부작용이 적고 치료 효과가 탁월하다.

글 / 그림
키요미 D. 디어즈 (문헌정보학 석사)
네브라스카 주립 링컨 대학 조교수
닐 파버, 마이클 듀몬티어
personalmessageblog.blogspot.com

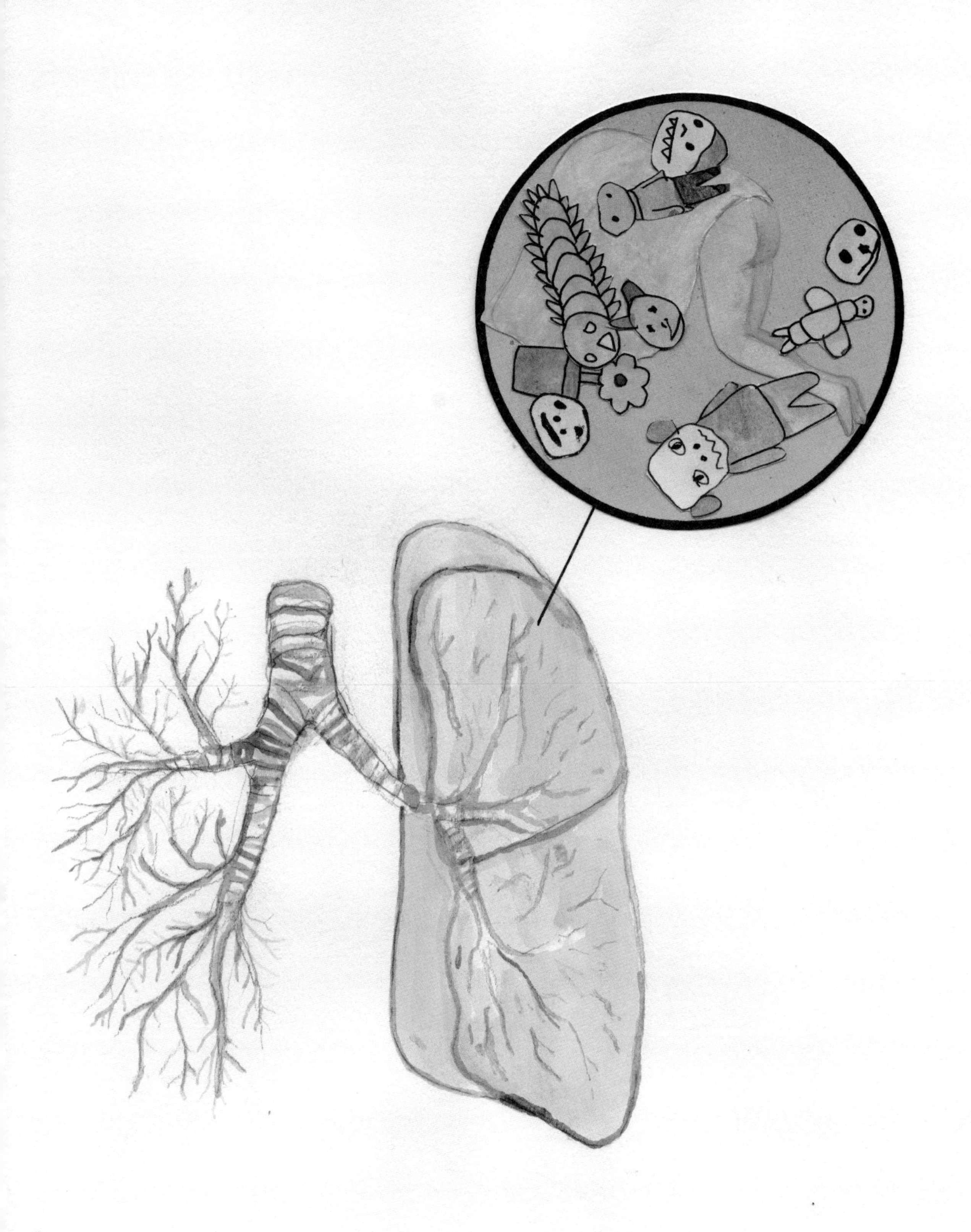

QUESTION / 54

빅뱅 이전에는 무엇이 있었을까?

현대과학은 물리학의 법칙이 작동한 흔적이 있는 가장 오래된 과거에 '빅뱅Big Bang'이라는 별명을 붙였다. 그런데 우주의 시작을 빅뱅이라고 부르는 것은 놀랍게도 그리 적절하지 않다. 최신 관측 결과, 광대한 우주 공간과 우리 눈에 보이는 모든 은하와 별은 빅뱅의 '빅big'이라는 표현처럼 크기는커녕 완두콩보다도 작고 빽빽하게 압축된 구형 알갱이에서 비롯되었다. 일부 우주론 학자들은 우리의 일상 경험에서 너무도 동떨어진 사실들이 자신에게는 매우 익숙하다는 듯이 우주의 시작을 그저 '뱅Bang'이라고 부른다. 1916년 최종 형태로 정리된 알베르트 아인슈타인Albert Einstein의 일반상대성이론을 현실 세계에 적용했을 때 나오는 물리학적 결과를 연구하는 과학자들은 손에 쥔 분필로 칠판 맨 아래에 수평선을 그리며 이렇게 말한다. "이 특이점*에서 우주 만물이 나왔습니다."

지금 우리가 살아가는 우주는 약 140억 년 전에 생겨났다. 현재 우리 눈에 보이는 모든 것이 그때는 밀도와 압력이 매우 높고 별의 중심핵보다 뜨거운 플라스마로 압축되어 있었다. 우주를 구성하는 원소들의 분포, 특히 현재 우주에 존재하는 헬륨의 양은 우주가 탄생하고 처음 몇 초 동안 어떤 모습이었는지를 엿볼 수 있는 가장 강력한 증거다.

우주의 '탄생' 직후 최초의 1초가 채 지나가기 전의 우주의 모습을 유추할 수 있는 또 하나의 증거는 현재 우주 공간에 퍼진 우주배경복사cosmic microwave의 일정하고 균등한 정도다. 아인슈타인의 일반상대성이론 법칙들은 시간·공간을 질량·에너지와 긴밀하게 연결한다. 물질은 어떤 의미에서 공간과 시간을 창조하여 그 안에서 팽창한다. 우주는 엔트로피가 매우 낮은 상태에서 태어났으므로 시간이 한 방향으로만 계속해서 흐르게 되었다. 이것을 이해하기 위해 엔트로피가 높은 상태에서 탄생한 다른 우주를 상상해 보자. 엔트로피가 높은 상태의 우주는 커다란 상자 안에 고르게 퍼진 미지근하고 균등한 기체라고 볼 수 있다. 상자 안의 기체 분자들은 여기저기 돌아다니지만, 평균 온도나 기체 분포는 변하지 않는다. 한편, 엔트로피가 낮은 상태는 진공상태의 빈 상자 속 한쪽 구석에 뜨거운 기체가 작은 크기로 압축된 것과 같다. 이 상태는 불안정하므로 뜨거운 기체는 곧바로 팽창하여 상자 전체를 채우고 그 과정에서 온도가 내려간다. 이것은 빅뱅과 초기 우주의 모습과 비슷하다. 단지 우주가 팽창하기 시작한 '빈 상자'가 존재하지 않았다는 점만이 다르다. 그 대신에 우주의 질량·에너지가 팽창하는 시공간을 만들어낸다.

이전에 다른 우주가 있었고, 거기에서 현재의 우주가 탄생했을까? 우리가 관찰한 물리 법칙, 사차원의 시공간, 자연의 힘과 기본 입자의 세기, 종류, 비대칭성, 생명이 존재할 잠재력이 모든 우주에서 보편적으로 적용되는 것일까? 아니면 우리 우주 이전이나 이후에 상상할 수 없는 색다른 세계가 존재했거나 존재하는 것일까? 우리로서는 알 수 없는 일이다.

* 특이점(singularity)은 무한대와 같이 통상적 법칙이나 기준이 적용되지 않는 지점으로 다소 추상적인 개념이다. 여기서 수평선으로 나타낸 특이점에서 우주 만물이 나왔다고 표현한 것은 빅뱅, 즉 대폭발이 일어나기 전에 우주의 모든 물질과 에너지가 작은 점에 압축되어 있는 상태를 부피가 0이고 밀도가 무한대인 특이점으로 상정하는 것이다. 이 지점에서는 일반상대성이론을 비롯하여 우리가 아는 물리학의 법칙이 성립하지 않는다.

글 / 그림
브라이언 야니 박사 / 조시 코크런
페르미 국립 가속기 연구소 연구원 / www.joshcochran.net

QUESTION / 55

암흑 물질이란 무엇일까?

천문학자들은 여러 가지 방법으로 은하의 질량을 추정한다. 어떤 은하에서 지구로 오는 빛의 양을 천체망원경을 통해 측정하면 그 은하의 질량을 계산할 수 있다. 또한, 은하의 가장자리에 있는 별들의 운동 속도를 측정하여 은하의 질량을 계산하기도 한다. 가장자리에 있는 별들이 빠르게 운동할수록, 그 별들을 궤도에 머물게 하는 은하의 중력도 강하다는 전제에 따른 계산이다.

그런데 유감스럽게도 이 두 가지 방법으로 은하의 질량을 계산한 결과가 각기 다르다. 은하의 가장자리에 있는 별들이 너무도 빠르게 운동하고 있어서, 그 별들이 왜 은하 궤도에서 떨어져 나가지 않고 여전히 은하의 일부로 남아 있는지를 눈에 보이는 별과 가스의 질량만으로는 설명할 수 없다. 주의 깊은 관찰 결과, 실제로 우주의 먼지와 행성과 블랙홀의 질량을 다 합쳐도 별들이 궤도 안에서 그토록 빠르게 공전하는 현상을 완전히 설명할 수 없다는 사실을 알게 되었다. 이 별들이 은하계를 떠나지 못하게 하는 강한 중력을 설명하기 위해 과학자들은 질량이 있는 암흑 물질dark matter이 존재한다는 가설을 세웠다.

우주 생성 초기에 발산된 빛을 연구한 결과, 암흑 물질은 우리 몸, 지구, 태양을 이루는 기본 입자와 전혀 다른 종류의 입자로 구성되었다는 사실이 드러났다. 암흑 물질에서 상상도 못 했던 새로운 입자를 찾을 수 있을까? 우리 눈에 보이는 물질보다 눈에 보이지 않을뿐더러 현재 어떤 도구나 장비로도 감지할 수 없는 암흑 물질이 훨씬 더 많다고 하니 신기한 일이다. 우주의 엄청난 질량 대부분이 아직 인류가 감지한 적이 없는, 원자보다 훨씬 작은 입자로 이루어졌을 수도 있다. 과학자들은 지금 이 순간에도 인공위성에서, 실험실 책상 위에서, 선형 입자 가속기 안에서 암흑 물질 입자를 찾고 있다.

글 / 그림
케이티 리처드슨 / 벳시 월턴
뉴멕시코 주립대학 박사과정 / www.morningcraft.com

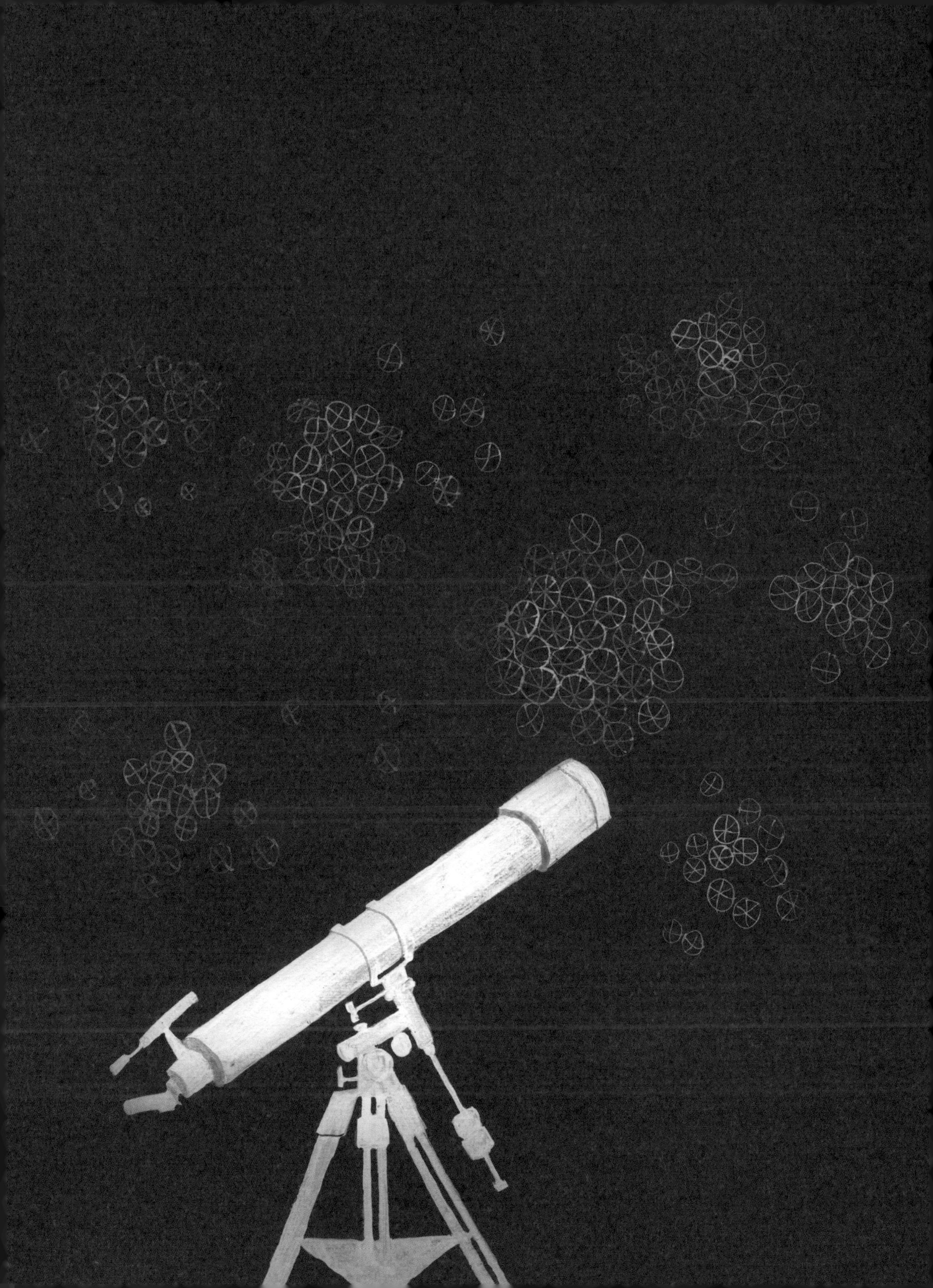

QUESTION / 56

암흑 에너지란 무엇일까?

1998년 초신성을 관측한 자료를 분석한 결과, 우주가 팽창할 뿐 아니라 그 속도가 점점 빨라지고 있다는 사실이 밝혀지자 천체물리학자들은 큰 충격을 받았다. 그때까지는 눈에 보이는 물질과 암흑 물질의 중력 때문에 우주의 팽창 속도가 점점 줄어들고 있다고 믿었기 때문이었다. 천체물리학자들은 관측한 대로 우주 팽창 속도가 빨라지는 원인을 설명하고자 강한 척력이 작용하게 하는 '암흑 에너지dark energy'라는 요소를 우주론 상태 방정식에 삽입했다.

최근 20만 개가 넘는 은하를 관측한 연구 결과도 이 불가사의한 에너지의 존재를 확인해주는 듯하다. 암흑 에너지는 우주의 73퍼센트를 차지한다고 추정되는데, 암흑 에너지의 물리적 성질은 아직 정확히 알려지지 않았다. 암흑 에너지를 가장 간단하게 설명하는 우주 상수cosmological constant 이론은 암흑 에너지가 고유하고 근본적인 공간 에너지로서 그 공간에 균등하게 퍼져 있다고 전제한다. 다른 이론인 제5원소론quintessence에서는 암흑 에너지가 더 역동적으로 시간과 공간에 따라 변한다고 주장한다. 두 이론 모두 암흑 에너지의 밀도가 별로 높지 않고 자연계의 여러 힘 중에서 중력의 영향만을 받는다고 전제한다. 이 두 가지 특성 때문에 암흑 에너지를 실험실에서 관측하기는 거의 불가능하다.

글 / 그림

마이클 레이턴 박사 / 벤 파이너

유럽 입자 물리 연구소(CERN) 연구원 / www.benfiner.com

QUESTION / 57

중력은 어떻게 작용할까?

1600년대에 중력gravity은 아이작 뉴턴Issac Newton의 머리 위로 떨어지는 사과 정도로 간단한 힘이었다. 중력을 정의하는 뉴턴의 법칙은 지구라는 한정된 공간에서는 완벽하고 훌륭한 이론이었다. 뉴턴은 물체의 질량과 물체 사이의 거리에 따라 중력의 크기가 어떻게 달라지는지를 나타낸 간단한 공식과 '절대 공간'의 개념을 이용하여 중력 이론이 적용되는 범위를 지구에서 전 우주로 확대할 수 있었다. 뉴턴의 법칙은 행성을 비롯한 여러 천체의 움직임을 성공적으로 예측했다. 그러나 우리가 태양계에 관해 더 많이 알게 될수록 뉴턴의 법칙에서 문제점을 발견하게 되었다. 예를 들어 물리학자들은 태양 주위를 도는 수성의 궤도가 뉴턴의 법칙으로 계산한 궤도에서 조금 벗어난다는 관측 결과가 늘 꺼림칙했다. 그러다가 아인슈타인이 1916년 일반상대성이론을 내놓자, 이 불가사의한 편차의 원인을 속 시원히 설명할 수 있었다. 수성의 궤도 편차는 아주 작은 수치에 불과했지만, 그 해결책으로 나온 새 이론, 즉 공간 자체가 물질의 질량에 반응하여 휘어진다는 생각은 뉴턴의 중력 개념에서 상당히 멀어졌다. 공간이 휜다는 것은 우리가 우주의 구조와 특성을 다시 검토해야 한다는 뜻이었다.

이 이야기는 여기서 끝나지 않는다. 우리는 일반상대성이론이 최종 해답이 아님을 알고 있다. 왜냐면 중력 법칙을 다른 물리학 법칙과 통합하여 우주의 모든 현상을 한꺼번에 설명하는 '대통합 이론theory of everything'을 아직 세우지 못했기 때문이다. 암흑 물질, 암흑 에너지처럼 우주의 팽창을 설명하는 데 사용하는 비교적 새로운 개념들, 그리고 별들이 은하 중심을 축으로 회전하는 모습이 뜻밖의 양상을 보인다는 사실을 고려하면, 나무에서 사과가 떨어진다는 단순한 중력 개념을 다시 한 번 수정해야 할지도 모른다.

글
테리 마틸스키 박사
럿거스 대학 물리천문학부 교수

그림
더 헤즈 오브 스테이트
www.theheadsofstate.com

QUESTION / 58

블랙홀에서 탈출할 수 있을까?

태양만큼 질량이 엄청난 물체를 지름이 겨우 몇 킬로미터밖에 되지 않는 공으로 압축한다면, 그 공의 중력은 태양과는 비교도 되지 않을 정도로 엄청날 것이다. 그리고 그 물체의 임계 반경에 들어가면 아무것도 탈출할 수 없게 된다. 이것이 바로 블랙홀black hole의 정의다. 아인슈타인의 일반상대성이론이 블랙홀의 존재를 예측했고, 1930년대 천체물리학자 수브라마니안 찬드라세카르Subramanyan Chandrasekhar가 이 개념을 발전시켰다. 그러나 아인슈타인의 이론은 새로운 이론인 양자역학을 전혀 고려하지 않았다. 양자역학을 고려하면 모든 블랙홀은 극도로 흐릿한 별처럼 희미하게나마 복사열을 방출해야 한다. 이것을 호킹 복사Hawking radiation라고 한다. 호킹 복사가 일어나면 블랙홀 표면 부근에 입자 쌍이 생성되는데 사건 지평선* 바로 안쪽에 입자 한 개, 바로 바깥쪽에 입자 한 개가 생성된다. 사건 지평선 안쪽에 있는 입자는 블랙홀 속으로 추락하지만, 바깥쪽에 있는 입자는 블랙홀을 탈출한다. 이렇게 입자 쌍이 이동하면 역설적으로 블랙홀의 질량이 줄어들어서 블랙홀의 부피가 약간 축소되고 더 뜨거워진다. 수조 년에 걸쳐 입자 쌍이 계속 생성되어 이동하다 보면 결국 블랙홀 자체가 증발해버린다. 다시 말해 최신 이론은 충분히 오래 기다리면 무엇이든 블랙홀에서 탈출할 수 있다고 주장한다.

* 일반상대성이론에서 사건 지평선(event horizon)은 내부에서 일어난 사건이 외부에 영향을 줄 수 없는 경계다.

글 / 그림
브라이언 야니 박사 / 에바 팬, 브렌던 먼로
페르미 국립 가속기 연구소 연구원 / www.potatohavetoes.com, www.brendanmonroe.com

신의 입자란 무엇일까?

힉스 보손(더 정확히는 힉스-브라우트-앙글레르 보손; Higgs-Brout-Englert boson)은 입자물리학의 표준 모형Standard Model에서 예측한 가상의 기본 입자로 질량이 큰 편이다. 표준 모형은 기본 입자 사이의 상호작용을 설명하는, 현재까지 가장 훌륭한 입자 물리학 이론이다. 그러나 힉스 장을 덧붙이지 않은 표준 모형의 문제점은 모든 기본 입자가 질량이 없어야 말이 된다는 것이다. 현실에서는 기본 입자에 질량이 있으므로 입자에 질량을 부여하는 메커니즘을 추가하지 않으면 표준 모형은 불완전한 모형일 수밖에 없다. 이렇게 입자에 질량이 생기도록 작용하는 장(場; 순우리말 '마당'; field)을 '힉스 장'이라고 부른다. 물리학에서는 각 장에 대응하는 입자가 있고, 힉스 장에 대응하는 입자가 바로 힉스 보손이다. 힉스 보손과 힉스 장은 현재까지 관찰된 적이 없지만*, 발견된다면 입자에 질량이 어떻게 생기는지 설명해줄 것이다. 질량은 우리 우주에 실체를 부여한다. 우리는 자연에서 벌어지는 상호작용이 기본 입자를 교환함으로써 일어난다는 사실을 알고 있다. 예를 들어 '광자(光子; photon)'라는 입자는 일상에서 우리에게 매우 친숙한 전자기력을 매개한다. 이른바 'W 보손'과 'Z 보손'은 원자핵의 방사성 붕괴를 일으키는 약한 상호작용**을 매개한다. 광자는 질량이 전혀 없지만, W 보손과 Z 보손은 질량이 양성자 질량의 100배로 기본 입자 치고는 상당히 크다. 이렇게 기본 입자들의 질량이 각기 다른 이유는 입자 물리학의 가장 근본적인 문제로, 힉스 보손이 발견된다면 이 수수께끼를 풀 수 있다. 우리는 힉스 보손이 양성자보다 질량이 120배 이상 무거우리라고 추정하지만, 현재까지 힉스 보손은 실험에서 감지된 적이 없다.

이론에 등장한 지 45년도 더 지난 힉스 보손을 실험에서 찾는 일은 입자 물리학의 '성배 원정'이었다. 힉스 보손을 보기 직전까지 갔던 실험은 여러 차례 있었다. 지금은 모두 스위스 제네바의 유럽 입자 물리 연구소CERN에서 진행되는 새로운 실험에 희망을 걸고 있다. 지하 100미터에 자리 잡은 둘레 27킬로미터의 거대한 원형 가속기에서 양성자 빔 두 개를 각각 최대한 가속하여 에너지가 사상 최대로 높아진 상태에서 정면으로 충돌시킨다. 이렇게 강렬한 충돌에서 발생한 높은 에너지는 아인슈타인의 유명한 질량-에너지 공식 $E=mc^2$에 따라 질량으로 전환하므로, 힉스 보손처럼 무거운 입자가 생성될 수 있다. 대형 강입자 충돌기LHC는 2010년부터 가동하기 시작했고, 입자 충돌 데이터를 분석하는 대규모 연구 프로젝트인 ATLAS와 CMS에서 힉스 보손의 존재 여부에 대한 최종 결론을 얻으려고 하고 있다. 그러나 실험에서 모은 수억 개의 충돌 자료를 주의 깊게 분석한 뒤에야 결론이 날 것이다.

표준 모형에 빠졌던 마지막 조각 힉스 보손의 존재를 확인한다면, 이는 과학의 승리라고 할 만하다. 힉스 보손이 존재한다면, 우리가 이미 실험과 관찰을 통해 알고 있던 기본 입자의 다양성을 더 잘 이해하게 되고 결국 우주 전체를 이해하게 된다는 의미에서 힉스 보손은 '신의 입자'라는 별명을 얻었다. 힉스 보손을 발견한 뒤에 힉스 보손의 특성을 더 깊이 연구하기 시작하면 과학자들은 틀림없이 새로운 의문들을 향해 나아갈 것이다.

대형 강입자 충돌기의 실험 결과 힉스 보손이 존재하지 않는다는 사실이 밝혀질 경우에 대비하여 이미 힉스 보손의 존재가 반드시 필요하지 않은 여러 가지 대안 이론이 나와 있다. 이를 통틀어 '힉스 없는 이론'이라고 부른다. 그러나 대부분 입자물리학자는 머지않아 대형 강입자 충돌기에서 힉스 보손이 발견될 것으로 기대하고 있다.

* 유럽 입자 물리 연구소(CERN)는 가속기 데이터 분석 결과, 2012년 힉스 보손이 존재한다는 결정적인 증거를 발표했고, 1964년 힉스 이론을 발표했던 힉스와 앙글레르가 그 해 노벨 물리학상을 받았다. 브라우트는 2011년 타계하여 아쉽게도 노벨상을 받지 못했다.

** 물리학에서는 이 세상의 모든 상호작용(힘)을 중력, 전자기력, 강한 상호작용(강한 핵력), 약한 상호작용(약한 핵력)의 네 가지 기본 상호작용으로 분류한다.

글
알베르트 데 로크 박사
유럽 입자 물리 연구소 연구원,
안트베르펜 대학·캘리포니아 주립 데이비스 대학 겸임교수

그림
조딘 이십
www.jordinisip.com

참고 : 이 책의 출간 직후(2012년)에
물리학자들은 실제로 힉스 보손이
존재한다는 확실한 증거를 찾아냈다.

QUESTION / 60

반물질이란 무엇일까?

각 입자에 대응하여 질량이 똑같고 전하가 반대인 반입자antiparticle가 존재한다. 예를 들어 전자의 반입자는 양전자고, 양성자의 반입자는 반양성자다. 반입자로만 이루어진 물질을 '반물질antimatter'이라고 부른다. 양성자 한 개와 전자 한 개가 모여 수소 원자를 만드는 것처럼, 반양성자 한 개와 양전자 한 개가 모여 반수소 원자를 만든다. 반수소 원자는 가설에만 나오는 가상의 개념이 아니다. 유럽 입자 물리 연구소CERN의 물리학자들은 1995년 세계 최초로 반수소 원자 9개를 만들었다. 그러나 반수소 원자 같은 반물질은 물질과 접촉하면 재빨리 소멸하기 때문에 실험실에서 연구하기 어렵다.

오늘날 우리가 관측할 수 있는 우주에 반물질이 일정량 자연적으로 존재한다는 실험 증거나 관측 증거는 전혀 없다. 다시 말해 우리가 사는 우주는 거의 전적으로 물질로 이루어졌다. 물질과 반물질이 정확히 대칭이라는 사실을 고려하면, 이 현상은 물리학자들이 보기에 참으로 이상하다. 물론 이런 비대칭성이 어디서 비롯되었는지를 설명하는 이론들이 있다. 어떤 이론은 입자 수준에서 자연적으로 특정 물질 반응이 반물질 반응보다 더 자주 발생하는 이유에 주목한다. 실제로 그런 반응들이 관찰되었고 실험실에서 자세히 연구되었으나, 그것만으로 우주의 물질-반물질 불균형을 설명할 수 있을지는 알 수 없다. 다른 이론에서는 반물질로만 이루어진 이른바 '반우주' 영역들이 어딘가에 존재하는데, 물질로 이루어진 영역에서 지극히 멀리 떨어져 있거나 어쩌면 우리가 관측할 수 없는 우주 바깥에 있다고 추측한다. 이처럼 지구에서 보는 우주가 전부는 아닐 확률이 높다.

글 / 그림
마이클 레이턴 박사 / 레이프 로우-비어
유럽 입자 물리 연구소(CERN) 연구원 / www.leiflow-beer.com

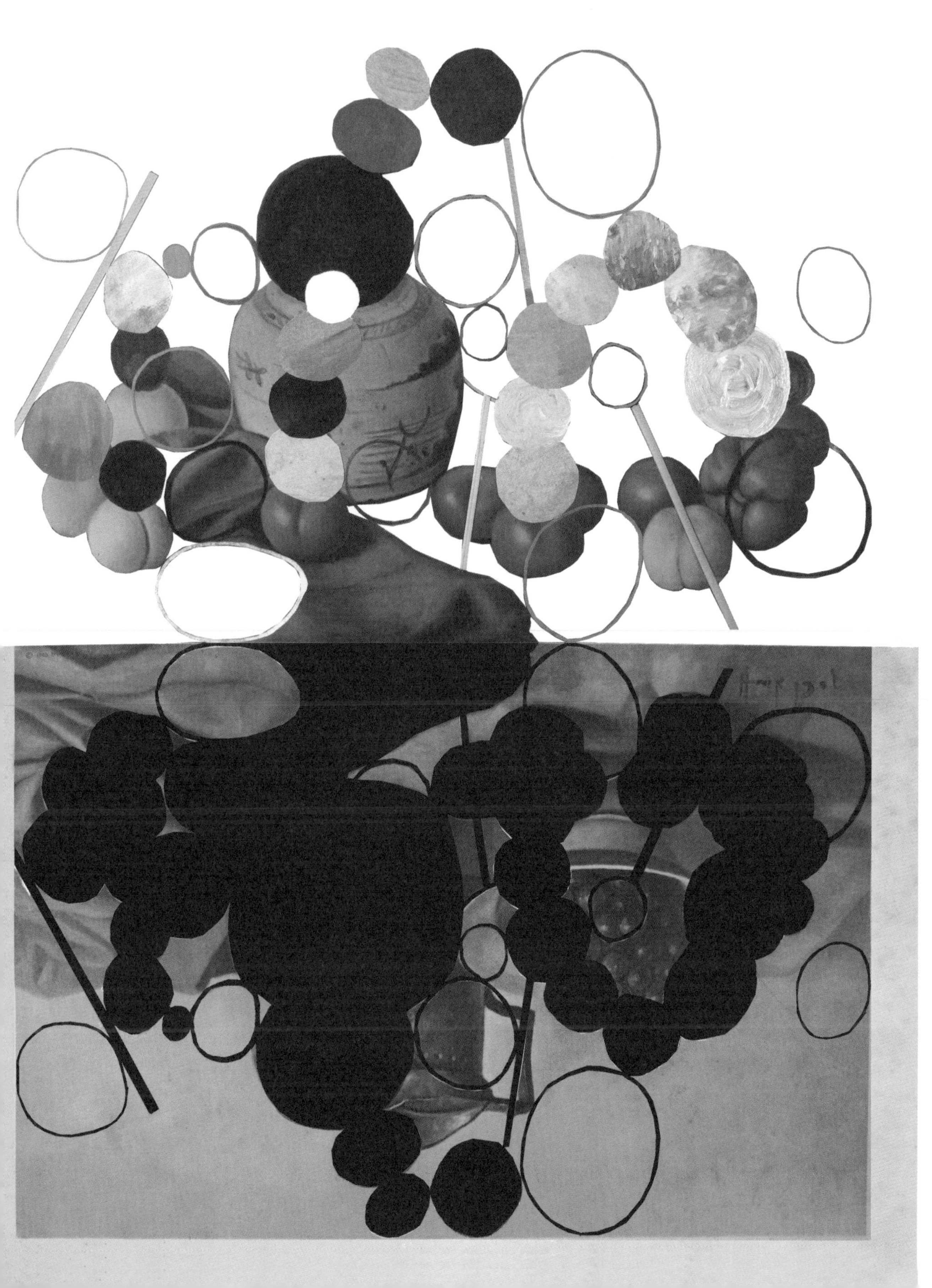

QUESTION / 61

삼차원보다 더 높은 차원이 있을까?

어떤 공간이 몇 차원인지는 그 공간에서 한 점의 위치를 정확히 표현하는 데 숫자가 몇 개 필요한지에 따라 결정된다. 예를 들어 정해진 시각에 마루 위를 걷는 개미의 위치를 표현하려면 숫자 두 개가 필요하다. 이는 지구 표면에 서 있는 사람의 위치를 표현하는 데 위도와 경도라는 숫자 두 개가 필요한 것과 같다. 일반적으로 표면은 이차원이고 표면 위의 모든 점을 숫자 두 개로 정의할 수 있다. 이 두 숫자, 즉 좌표는 기준 좌표계system of reference를 기준으로 삼는다. 기준 좌표계는 여러 가지 방식으로 정의할 수 있다. 예를 들어 직사각형 방 안에 있는 개미의 위치를 남쪽 벽에서 4미터, 서쪽 벽에서 3미터라고 말할 수 있다. 공간의 차원은 기준 좌표계와 좌표를 어떻게 설정하느냐와 관계없이 똑같다. 개미는 이차원만을 탐색할 수 있으므로 개미의 세계는 이차원이다. 개미 위로 날아가는 벌의 위치를 표현하려면 벌이 바닥에서 얼마만큼 떨어져 있는지 알려주는 숫자 하나가 더 필요하다. '부피'는 삼차원이고, 우리를 둘러싼 공간도 삼차원이므로 우리는 모든 지점을 숫자 세 개로 나타낼 수 있다. 그런데 우리는 개미가 이차원만을 '보는' 것처럼 삼차원보다 높은 차원을 단지 '보지 못하고' 있는 것은 아닐까?

우리가 그 위치를 표현하려는 벌이 움직이고 있다면 숫자 세 개로는 부족하다. 어느 시각에 그 지점에 있는지도 알아야 한다. 게다가 '기차역'과 '기차역을 떠나 멀어지는 열차 안'이라는 상대적으로 운동하는 두 개의 기준계에서 기차 위에 앉은 벌의 위치를 표현하려면, 한 기준계에서는 공간(좌표 세 개)만으로 표현되는데 다른 기준계에서는 공간과 시간(좌표 네 개)을 모두 사용하여 표현해야 한다. 우리가 시간과 공간을 구분하는 방식은 인위적이다. 그저 우리가 기준계를 선택한 방식에서 비롯된 구분이다. 아인슈타인은 우리 우주가 길이, 폭, 높이, 시간의 사차원이 있는 '시공간'이고, 이 시공간은 휘어졌으며 행성과 별이 움직이면 시공간의 모양이 변화한다고 했다. 중력은 시공간이 휘어졌다는 증거다. 지구처럼 질량이 큰 물체는 시공간을 변형시켜 주위에 있는 다른 물체들이 구부러진 시공간을 타고 질량이 큰 물체 쪽으로 끌려간다.

물리학자들은 우주를 원자 차원에서 바라보면 시공간의 구조가 매우 다를 것으로 예상한다. 원자만큼 작은 '양자 개미'와 '양자 벌'은 아인슈타인의 일반상대성이론에 따라 운동하지 않고 완전히 다른 양자역학의 법칙을 따른다. '양자 곤충'들이 행성이나 별과 다르게 운동한다면, '양자 곤충들은 어떤 방식으로 시공간을 변형하고 어떻게 중력으로 다른 곤충들을 끌어당기는가?'라는 의문이 생긴다. 이 의문에 답하려는 시도들이 있었다. 예를 들어 초끈 이론은 돌아다니는 '양자 곤충'의 종류에 따라 시공간이 10차원, 11차원, 26차원일 수 있다고 예측한다. 시공간이 양자 곤충 근처에서 어떻게 변형되는지를 설명하려고 시도하는 여러 가설에서 공통으로 나오는 한 가지 흥미로운 결론은 우주가 몇 차원인지는 우리가 우주를 바라보는 데 사용하는 척도scale에 달렸다는 것이다. 우주는 어떤 상황에서는 이차원인 것처럼 보이고, 또 어떤 상황에서는 사차원 혹은 더 높은 차원인 것처럼 보인다. 우리는 '프랙탈fractal'이라는 별난 공간을 자연에서 발견했는데 이런 프랙탈 공간 구조는 우리가 바라보는 척도와 관계없이 똑같다. '프랙탈' 공간의 차원은 정수가 아니다. 예를 들어 1.58차원의 프랙탈 공간에 있는 점의 위치를 나타내려면 1.58개의 숫자가 필요하다. 1.58개의 숫자가 무슨 뜻인지는 모르겠지만.

우리 우주는 프랙탈 공간일까? 원자만큼 작은 크기의 '양자 곤충'이 어디 있는지 알려면 숫자 두 개만 있으면 될까? 우주에는 사차원 외에 다른 차원이 더 있을까? 지금까지는 우주의 모든 지점을 숫자 네 개로 나타낼 수 있었지만, 점차 크기가 더 작고 에너지가 더 높은 영역으로 들어가서 실험하게 되면 어떤 신기한 발견을 하게 될지는 아무도 모른다.

글 / 그림
엑토르 에르난데즈 - 코로나도 박사
멕시코 페트롤륨 공립연구소 박사 후 연구원
팀 고우
www.timgough.org

QUESTION / 62

빛의 속도에 가까워지면 시간은 어떻게 변할까?

당신은 지금 로켓에 올라타서 안전띠를 매고 이륙 준비를 하고 있다. 이때 지구에서 누군가가 로켓 내부에 걸려 있는 시계를 들여다보고 있다고 가정해보자. 아인슈타인의 특수상대성이론에 따르면 지구에 있는 관찰자는 당신이 타고 있는 로켓이 점점 더 속도를 낼수록 로켓 안의 시계는 점점 더 느리게 가는 것을 확인할 수 있다. 하지만 그 로켓에 타고 있는 당신은 시간이 흐르는 속도의 변화를 전혀 느끼지 못한다. 당신을 포함해서 로켓 안에 있는 모든 생명체가 정상적으로 늙어가지만, 로켓의 속도가 빛의 속도에 가까워질수록 당신은 지구에 남아 있는 사람들보다 점점 더 천천히 늙어간다. 당신이 지구로 돌아가면 지구에서는 수 년, 수십 년이 지났지만, 당신은 나이가 얼마 들지 않았을 것이다.

시간 지연time dilation은 흥미롭게도 우리가 다른 물체에 대해 상대적으로 어떻게 운동하는지, 그리고 우리에게 얼마만큼의 중력이 작용하는지와 관련이 있다. 로켓에 탄 관찰자와 지구에 있는 관찰자 각자에게 시간은 똑같은 속도로 흐르는 것처럼 보인다. 그러나 로켓과 지구에서 각기 시간이 흐르는 속도를 둘 이상의 기준 좌표계 또는 둘 이상의 중력장에서 비교해보면 속도가 다르다는 것을 깨닫게 된다.

왜 그럴까? 우리는 이 의문에 대한 답을 아직 모른다. 인간이 현실을 어떻게 인지하는지를 과학적으로 관찰한 결과로 이런 법칙을 추론해냈지만, 두 기준 좌표계에서 시간이 상대적으로 다른 속도로 흐르는 이유는 아직 설명할 수 없다.*

* 시간에 이런 특성이 있는 이유를 탐구하는 것은 현재 물리학의 영역을 벗어난다.

글 / 그림
하임 베나로야 박사 / 아나 베나로야
럿거스 대학 기계항공공학부 교수 / www.anabenaroya.com

1
2
3
4
5

QUESTION / 63

별은 어떻게 태어나고 어떻게 죽을까?

별*은 수소 분자, 일산화탄소 등 간단한 화합물로 이루어진 차갑고 빽빽하고 어두운 기체 구름에서 태어난다. 중력의 작용으로 기체 구름이 수축하여 불안정해지면, 기체 구름이 질량과 지름이 태양계와 비슷하거나 몇 배나 큰 구형에 가까운 몇 개의 덩어리로 나누어진다. 각 덩어리의 중심부가 압축되고, 수소에서 헬륨이 생성되는 기본 핵융합 반응이 시작될 정도로 뜨거워지면, 그 중심부에서 별이 생성되고, 바깥쪽에서는 기체와 먼지가 행성만 하게 뭉친 상태로 그 중심별 주위를 공전한다. 핵융합 반응을 통해 별의 중심핵에 있던 수소가 헬륨으로 변하고(이 과정은 질량이 태양과 같은 별에서 100억 년이 걸린다), 무거운 원소들이 빠르게 생성되다가, 철이 생성되는 시점에 이르러 핵에너지를 더는 효율적으로 활용할 수 없게 되면 핵융합 반응 자체가 멈춘다. 그러면 그때까지 힘을 쓰지 못하고 있던 중력이 다시 영향력을 발휘하여, 핵융합 반응에서 생성된 원소들을 별의 중심핵 쪽으로 끌어당겨 압축한다. 별의 중심핵 질량이 태양 질량의 1.44배를 넘지 않으면 백색왜성이 되는데, 원자핵의 전자 궤도에서 전자를 서로 밀어내는 힘인 전자 축퇴압 electron degeneracy pressure 덕분에 백색왜성의 구성 물질이 흩어지지 않고 한데 뭉친다. 이런 백색왜성은 수조 년에 걸쳐 온도가 내려가서 마지막에는 흑색왜성이 되고, 거의 감지할 수 없는 어두운 덩어리 상태로 우주를 떠돈다. 만약 별의 중심핵 질량이 태양 질량의 1.44배보다 크면 1초 만에 붕괴하여 어마어마한 초신성 폭발이 일어나고, 분출된 에너지가 중심핵의 전자와 양성자를 결합하여 중성자를 만들어낸다. 이렇게 해서 별은 자전하면서 주기적으로 전자기파를 내보내는 중성자별이 되고, 극단적인 경우에는 블랙홀이 된다. 중성자별은 수억 년에 걸쳐 자전 속도가 느려지면서 밝기가 약해지고, 블랙홀은 현재 우주 나이의 몇 배의 시간이 흐르면 결국 증발할 것이다.

* 일상적으로는 밤하늘에서 빛나는 것을 모두 별이라고 부르지만, 과학 용어로 별은 '스스로 빛을 내는 천체'로 정의하고 일상 언어와 구분하는 차원에서 '항성(恒星)'이라고도 일컫는다. 지구, 금성, 목성처럼 별이 아닌 행성, 달과 같은 위성, 소행성, 혜성은 스스로 빛을 내지 못하지만, 별의 빛을 반사하므로 밤하늘에서 빛나는 것처럼 보인다.

글 / 그림
브라이언 야니 박사 / 제니 볼봅스키
페르미 국립 가속기 연구소 연구원 / www.also-online.com

은하 신생아실 / 그림 1. 중력 간호사 / 그림 2. 주계열성 아기 / 그림 3. 적색거성 아기 / 그림 4. 백생왜성 아기 / 그림 5. 적색왜성 아기 / 그림 6. 중성자별 아기 / 그림 7. 초거성 아기 / 그림 8. 블랙홀 아기 / 그림 9. 10. 모빌 ▶

fig 10
fig 1
fig 9
fig 2
fig 3
fig 4
fig 8
fig 7
fig 6
fig 5
GALACTIC NURSERY
fig 1 nurse gravity
fig 2 baby main sequence star
fig 3 baby red giant star
fig 4 baby white dwarf star
fig 5 baby red dwarf star
fig 6 baby neutron stars
fig 7 baby supergiant star
fig 8 baby black hole
fig 9 / 10 mobiles

QUESTION / 64

달은 어떻게 생겨났을까?

1969년 아폴로 11호가 달에 착륙하기 전에는 달의 기원을 설명하는 이론으로 포획 이론, 분열 이론, 이중 행성 이론이 있었다. 포획 이론은 달이 태양계의 다른 장소에서 생성되었고, 지구 옆을 지나다가 지구 궤도에 포획되었다는 주장이다. 분열 이론은 탄생 초기에 빠른 속도로 자전하던 지구에서 떨어져 나간 덩어리가 달이 되었다는 주장이다. 이중 행성 이론에서는 지구와 달이 작은 원시 행성, 그러니까 미(微) 행성에서 동시에 생성되었다고 본다.

아폴로 우주비행사들이 달에서 가져온 토양 표본을 분석한 결과, 우리는 달 현무암의 구성 물질이 지구 현무암의 구성 물질과 거의 똑같고 현무암에 들어 있는 산소 동위원소 비율도 똑같다는 사실을 알게 되었다. 또한, 일부 희토류 원소의 비율이 지구와 달에서 각기 다르고, 달에는 물이나 휘발성 화합물이 거의 없으며, 액체 철로 이루어진 핵이 지구에만 있고 달에는 없다는 사실도 알게 되었다. 여러 아폴로 우주선에서 얻은 자료를 바탕으로 1984년에는 네 번째 이론이자 오늘날 지구과학 교과서에서 달의 기원을 설명하는 주된 이론인 충돌 이론이 등장했다. 충돌 이론에서는 태양계가 역동적이었던 초창기에 화성과 크기가 비슷한 원시 행성이 이미 핵, 맨틀, 지각으로 층이 나뉘어 있었던 원시 지구와 충돌했다고 가정한다. 그 충격으로 지구는 지각이 다시 녹았고 맨틀의 일부가 솟아올라 우주로 떨어져 나갔다. 그 맨틀의 일부 무거운 물질은 지구 중력장 안에 남았다가 나중에 뭉쳐서 달이 되었다. 이 이론은 월석에 왜 휘발성 화합물과 물이 거의 없는지, 월석의 화학적 성질이 왜 지구 맨틀의 화학적 성질과 비슷한지, 달에 왜 철로 이루어진 핵이 없는지(충돌이 일어났을 때 액체 철로 이루어진 지구의 핵은 떨어져 나가지 않고 그대로 남았다)를 설명해준다.

지난 10년 동안 다양한 질량 분석 기술이 발전하여 광물의 화학적 구성과 동위원소 분포를 더욱 철저히 분석할 수 있게 되었고, 그 결과 지질학자들은 충돌 이론을 전반적으로 다시 검토하거나 충돌 관련 변수들을 조정하게 되었다. 예를 들어 2010년과 2011년에 달의 현무암질 유리와 감람석 함유물에서 약간의 물이 발견되었는데 이는 충돌 이론에 어긋난다. 지구의 오래된 암석에 들어 있는 지르콘의 연대를 분석한 결과도 충돌 이론에 어긋난다. 오늘날 일부 지구과학자는 충돌 이론을 뒷받침하는 월석 데이터의 지구화학적 근거가 미약하다고 주장하면서 포획 이론을 다시 내세우고 있다. 포획 이론은 여러 개의 천체가 각각 '적절한 시각에 적절한 위치에' 있어야 했다는 제한 조건이 있고, 물리학자들과 천문학자들은 그렇게 되었을 확률이 매우 낮다고 생각하지만, 충돌 이론이 온전히 설명하지 못하고 있는 일부 지구화학적·지구물리학적 데이터를 설명해준다. 1970년대에는 없었던 장비를 이용하여 아폴로 월석을 재차 분석하면 우리는 분명히 달의 기원을 더 잘 이해하게 될 것이다.

글 / 그림
사라 K. 카마이클 박사 / 로렌 나세프
애팔래치안 주립대학 조교수 / www.laurennassef.com

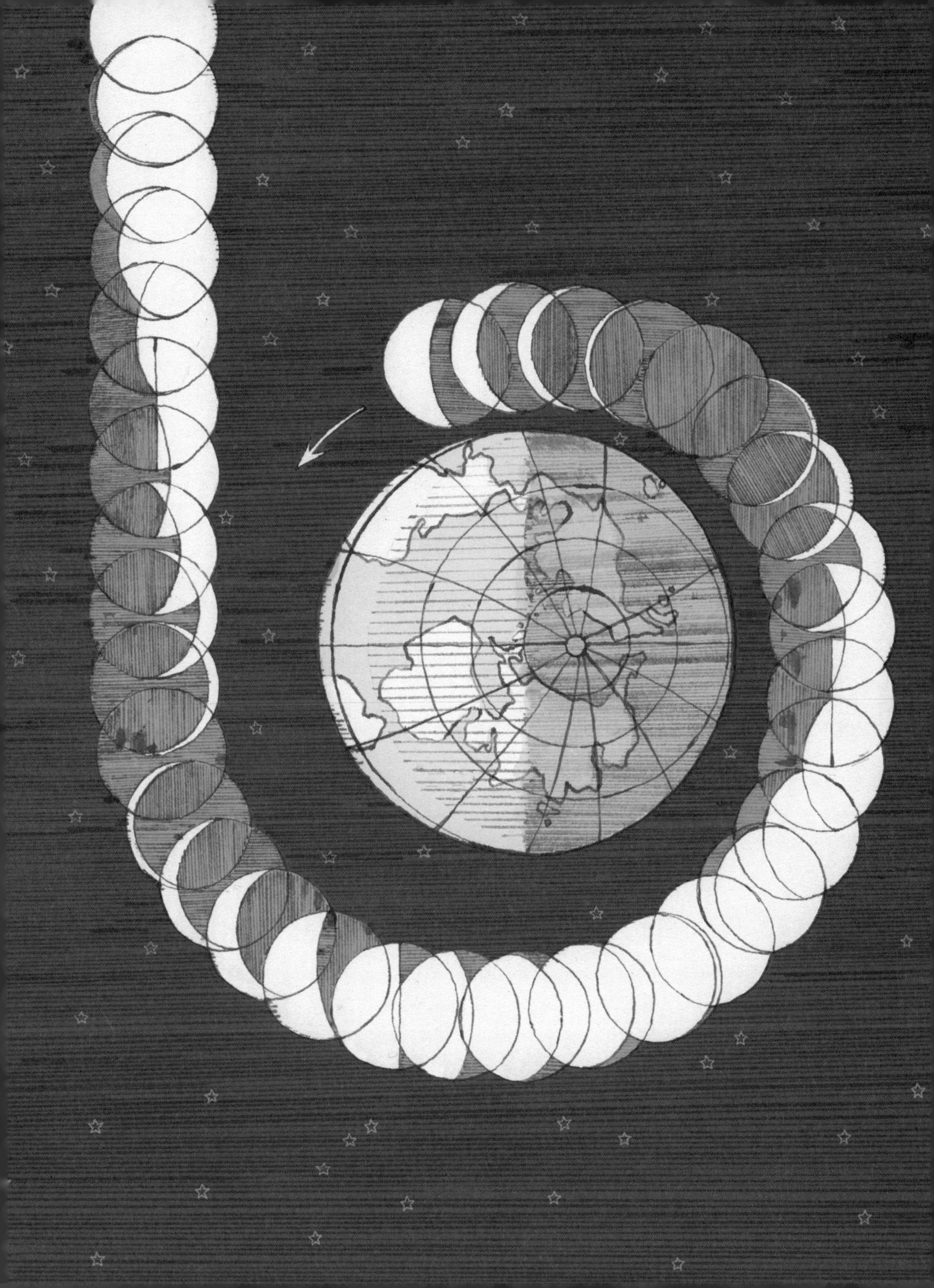

무엇이 지구의 남극과 북극을 뒤바꿔놓을까?

나침반 바늘을 수백만 년 동안 들여다보고 있으면, 이따금 바늘이 180도 돌아가는 현상을 목격할 것이다. 남극이 북극이 되고, 북극이 남극이 된다. 이것을 '지구 자기 역전geomagnetic reversal' 현상이라고 한다.

이런 현상이 왜 일어나는지 이해하려면 지구의 구조를 알아야 한다. 사람과 동물과 식물은 단단한 지구 표면인 '지각' 위에서 산다. 그 지각의 안쪽에는 맨틀이 있고, 맨틀에서 지구 중심 쪽으로 한참 들어가면 제철소에서 볼 수 있는 것 같은 뜨거운 액체 상태의 철로 이루어진 '외핵'이 있다. 그리고 지구 중심에는 역시 철로 이루어진 '내핵'이 있다. 내핵의 온도는 태양의 온도와 거의 같지만, 압력이 대단히 높아서 고체 상태로 존재한다. 액체 상태의 외핵은 항상 회전하고 있어서 액체 철이 지구 중심에서 바깥쪽으로 나선을 그리며 이동한다. 전기 전도성 유체인 액체 철의 회전과 대류는 '다이너모dynamo'라는 현상을 일으키는데, 이것이 결국 지구 자기장을 유지하는 선순환 고리다.

지구 자기 역전은 지구 내부의 액체 철이 지구 중심을 축으로 회전할 때 그 흐름에 미세한 변화가 생겨 일어난다. 이런 변화는 액체 철과 그 아래위에 있는 고체(내핵과 맨틀)의 회전 속도에 변화가 생겨서 일어날 수도 있고, 운석 충돌 같은 외부 충격에서 비롯될 수도 있다. 정확한 원인은 알려지지 않았지만, 과학자들은 액체 층에서 미세한 교란이 일어나 정교한 균형이 흔들리고, 결국 그것이 지구 자기 역전으로 이어질 수 있다는 주장에 대부분 동의한다.

수백만 년 동안 나침반 바늘을 들여다보고 있던 사람은 지구 자기 역전 현상이 대단히 자주 일어난다고 생각할 수 있다. 그런데 인간의 시간 관념으로 볼 때 지구 자기장은 더 짧은 기간인 1천 년 단위로 비록 일시적이지만 훨씬 더 복잡하게 바뀐다. 1천 년 동안 북극과 남극이 각각 여러 개씩 있다가 어느 시점에 북극도 하나, 남극도 하나인 지구로 돌아가는 일이 생긴다. 과거에 지구 자기 역전은 평균 30만 년 주기로 발생했다. 현재 시점에서 마지막 역전이 일어난 지 약 78만 년이 지났다. 어쩌면 우리는 곧 다음 역전 현상을 볼 수 있을지도 모른다.

글 / 그림
프리츠 크렘브스 / 루크 램지
트라이하이드로社 주정부 공인 엔지니어(PE), 주정부 공인 지질학자(PG)
www.lukeramseystudio.com

QUESTION / 66

지구의 콧노래란 무엇일까?

지구과학자들은 여러 해 동안 감도 높은 지진계를 이용해서 사람의 귀에는 그 소리가 전혀 들리지 않는 지구 표면의 연속적인 진동을 기록했다. 이 진동의 주기는 1초에서 1,000초까지 광범위하다. '지구의 콧노래'라고 부르는 이 배경음의 성질을 연구하는 지진학자들은 이 소리의 기원을 설명하는 몇 가지 가설을 세웠다.

많은 이가 인정하는 가설의 시나리오는 다음과 같다. 바람 에너지가 망망대해에서 파도 에너지로 전환된다. 그러면 바다의 파도 에너지는 바다 중력파(주기가 더 긴 파동이면 장주기 중력파) 형태로 대륙의 경계로 이동한다. 바다 중력파가 해안에 이르렀을 때 해저면과 직접 상호작용할 수 있을 정도로 수심이 얕다면 그 중력파는 해저의 지각으로 전달되어 지진파로 변한다. 이 음파가 지각을 통해 퍼져나가고 각지의 지진 관측소에서 기록된다.

과학자들은 이 배경음이 지진과 화산 폭발을 일으키는 약한 지진파를 감지하고 연구하는 데 방해만 된다고 생각해왔다. 그러다가 최근에야 이 배경음의 지진계 데이터에서 지구 구조에 관한 유용한 정보를 얻을 수 있다는 사실을 알게 되었다. 이제 지구의 콧노래 출처, 전파 특성, 계절에 따른 변화를 주제로 삼은 연구가 많아졌다. 아프리카 대서양 기니만에 있는 미지의 출처에서 퍼져나오는 배경음이 26초 주기로 아주 큰 진폭을 보이는 현상과 같이 매우 흥미로운 수수께끼들이 아직도 해결되지 않은 채 남아 있다.

글 / 그림
아나톨리 레브신 박사 / 줄리아 로스먼
콜로라도 주립 볼더 대학 강의전담 교수 / www.juliarothman.com

콧노래 주파수 ▶

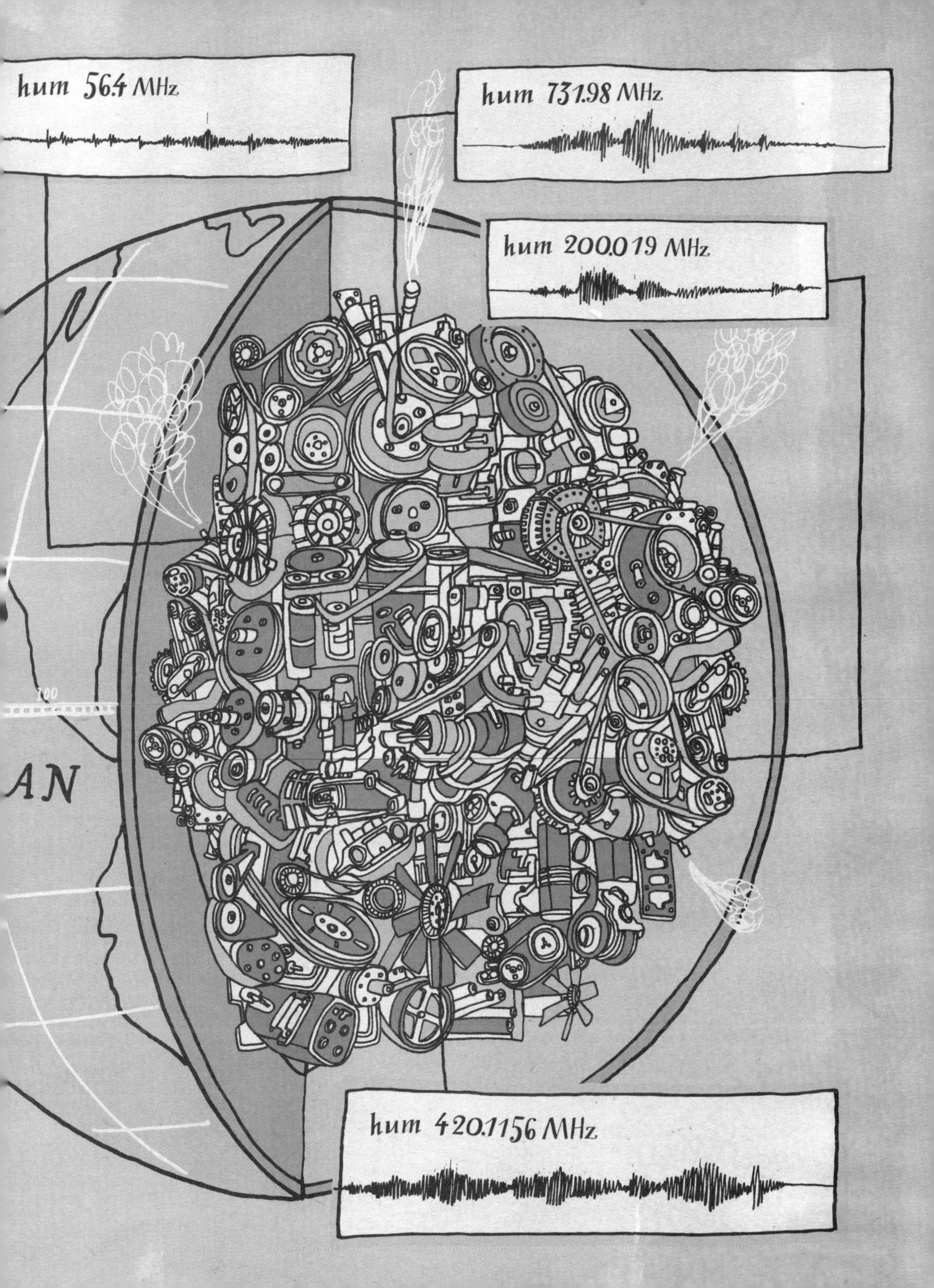
hum 56.4 MHz
hum 731.98 MHz
hum 200.019 MHz
100
AN
hum 420.1156 MHz

QUESTION / 67

판을 움직이는 힘은 무엇일까?

오늘날 과학자들은 해저와 대륙을 이루는 지구 표면이 늘 움직이고 변화하고 있다는 것을 기정사실로 받아들인다. 지구 표면은 과거에 사람들이 믿었던 것과 달리 단단하고 고정된 껍데기가 아니라 하나가 다른 것 아래로 들어가거나, 옆으로 지나가거나, 위로 넘어가거나, 서로 멀어지는 몇 개의 넓은 판으로 이루어졌다. 판과 판이 만나는 지점에서는 두 판의 가장자리가 서로 합해져서 산맥과 화산대를 형성한다. 또한, 판과 판이 서로 끌어당기거나 밀어내는 지역은 발산 경계인 동아프리카 지구대나 해저산맥처럼 새로운 판 구성 물질이 생성되는 곳이다.

판 구조론plate tectonics은 이처럼 지구 표면의 판들이 뜨겁고, 밀도 높고, 잘 변형되는 용융 암석층 위에 떠 있기에 유동적이라고 말한다. 판 구성 물질이 아래에 있는 용융 암석층으로 들어가거나 용융 암석층에서 솟아오를 때 밀도와 온도가 달라지므로 각 판이 이동, 생성, 소멸을 영원히 반복하는 컨베이어 벨트와도 같은 흐름이 유지되고 강화된다. 현재 지구는 새로운 판 구성 물질이 생성되는 속도와 기존의 구성 물질이 사라지는 속도가 거의 같은 평형 상태에 있다고 본다.

새로 발견된 광물에서 수집한 증거를 바탕으로 미루어볼 때 이 같은 판의 움직임은 40억 년보다 더 오래전부터 계속되고 있었다. 이 추론이 옳다면, 40억 년 전에 지구 표면은 고온의 액체 상태였기 때문에 어떤 생물체도 서식할 수 없었다는 기존의 정설은 무너져버린다. 당시에 이미 지구 표면에 판이 있었다면, 원래 추정했던 것보다 수백만 년 앞선 시기에 최초의 생명체가 나타났을 가능성이 있기 때문이다.

글
줄리 파도우스키
플로리다 주립대학 연구원, 수문학자

그림
마크 벨
marcbelldept.blogspot.com

단면도 / 그림 1. 모든 층이 살아 있었다 / 대기 조건 / '선사시대'의 초대형 볼로냐 소시지 / 당시 구름은 이렇게 생겼다 / 대륙 경사 / 변형단층 '조지' / 천천히. / 바다 / 도랑 ▶

CUT AWAY VIEW DEPT.

QUESTION / 68

지진을 예측할 수 있을까?

지진은 우리가 사는 지구의 내부에서 무슨 일이 일어나고 있는지를 알려주는 강력한 증거 자료다. 옛날 사람들은 신들이 힘과 분노를 과시할 때 지진이 일어난다고 생각했다. 20세기 초, 1906년 샌프란시스코 대지진을 연구하던 존스홉킨스 대학 지질학과 레이드H.F. Reid 교수는 과거에 저장된 탄성 응력이 '탄성적으로 튀어 오르는' 현상이 바로 지진이라고 결론지었다. 오늘날 지진학자는 대부분 레이드의 주장을 인정하는데, 왜 응력이 축적되는지는 20세기 후반에야 밝혀졌다. 이 응력은 흔히 '판 구조'라고 부르는 상부 맨틀을 이루는 부드럽고 점성 있는 물질의 열대류로 인해 지구 암석권의 단단한 판들이 서서히 움직일 때 발생한다는 것이다.

얼음이 녹는 봄에 강물 위를 떠다니는 얼음 조각처럼 이 판들은 서로 밀거나 겹쳐지거나 가장자리를 깎아낸다. 판 사이의 마찰력이 강하므로 판은 아주 서서히, 단계적으로 움직인다. 각 단계마다 지진이 일어나서 판의 움직임에 대한 저항을 무력화하고 판들을 이동시킨다.

지진학자들은 지진이 잘 일어나는 장소를 익히 알고, 지진 활동, 응력의 이상, 측지선의 이상, 라돈 기체 방출량, 동물의 행동 등에서 전조 증상을 찾으면서 미래에 일어날 지질학적 변화를 예측하려고 노력한다. 그러나 아쉽게도 지구의 지질 환경과 판 구조가 너무도 다양해서 대형 지진이 일어날 시각과 장소를 정확히 예측할 수 없다. 예를 들어 최근 인도네시아의 수마트라 섬과 일본에서 수많은 사망자를 내고 마을을 파괴한 대지진을 아무도 예측하지 못했다.

글 / 그림
아나톨리 레브신 박사 / 아이작 토빈
콜로라도 주립 볼더 대학 강의전담 교수 / www.isaactobin.com

QUESTION / 69

지구의 물은 어디서 왔을까?

우리는 모두 물이 차 있던 자궁에서 태어났다. 실제로 물은 모든 생명체를 품는 자궁과 같다. 물 없이는 어떤 생명체도 존재할 수 없을 만큼, 물은 생명 유지에 필수적인 기본 요소다. 우리 몸 대부분이 물로 이루어졌고 지구의 4분의 3이 물로 덮였다. 역사적으로 봐도 가뭄이나 홍수는 제국을 무너뜨렸고, 물이 있느냐 없느냐에 따라 문명이 꽃피거나 시들었다.

물은 어디에나 있고 우리 운명과 정체성은 물과 떼려야 뗄 수 없는 관계에 있지만, 우리는 정확히 어떻게 해서 지구가 '푸른 행성'이 되었는지를 아직 모른다.

태양계는 천천히 회전하던 차갑고 거대한 기체와 먼지 구름이 원반 모양으로 납작해지면서 생겨났다. 원반의 중심에서는 태양이 불타올라 폭발했고 이 천문학적 폭발로 떨어져 나간 파편들이 서서히 모여 가까운 궤도에서부터 차례로 행성이 되었다. 당시 지구와 지구 주위의 기온이 너무 높아서 물을 포함한 광물이 안정적으로 존재할 수 없었다는 사실은 이미 오래전에 알려졌다. 따라서 지구의 물은 지구 바깥에서 유입된 것으로 간주되었고, 가장 유력했던 가설은 오르트 구름Oort cloud에서 날아온 혜성들이 지구에 물을 운반했다는 주장이었다. 이 혜성들은 마치 우박이 쏟아지듯 원시 지구에 엄청난 양의 얼음을 쏟아부었던 것으로 추정된다.

현대 과학자들이 분석할 수 있었던 혜성으로 헤일리 혜성, 햐쿠타케 혜성, 헤일-밥 혜성이 있었는데, 이들 세 혜성에는 지구의 바닷물과 성질이 같은 물이 없었다. 세 혜성의 얼음을 분석한 결과, 바닷물과 비교하면 중수소(수소의 동위원소로 수소보다 무겁다) 함량이 두 배 높았다. 이 사실로 미루어 보아 혜성은 지구에 있는 물의 주된 원천은 아닐 테지만, 그 일부를 가져다준 것은 거의 확실해 보인다. 마찬가지로 소행성도 지구에 물을 가져다주었을 가능성이 있지만 주된 원천은 아니다.

혜성에 있던 물의 성분을 분석한 결과가 발표되고 나서 최근에는 지구가 형성되던 시기에 높은 온도에도 불구하고 물이 있었다는 '습한 지구wet Earth' 이론이 인기를 끌고 있다. 이런 이론에서는 물 분자가 별 먼지 입자의 표면에 달라붙는 흡착 메커니즘을 통해 물이 존재했다고 가정한다. 흡착된 물은 더는 기체 상태가 아니므로 태양이 폭발했을 때 가벼운 기체와 함께 태양계 바깥으로 날아가지 않고 더 무거운 고체 분자들과 함께 지구에 자리 잡았을 것이다.

물이 어디서 왔든지, 지구가 점차 하나의 덩어리로 단단해지고 내부의 압력과 온도가 올라가면서 지구에 있었던 물은 아마도 수증기가 되었을 것이다. 시간이 지나면서 지구 온도가 충분히 내려가자 수증기가 응결하고, 최초의 비가 내리고, 곧 최초의 생명이 잉태되었을 것이다.

지구의 3/4이 물이다 / 물은 어디서 왔을까? / 지구의 물 일부는 혜성에서 왔을 것이다 / 아니면 우주의 우박에서? / 지구가 형성될 때 물이 무거운 입자에 붙어 있었을 것이다 ▶

글 / 그림
스튜어트 존 멀러 박사 / 제임스 걸리버 행콕
플로리다 주립대학, 블루 플래닛 / www.jamesgulliverhancock.com

EARTH IS 3/4 WATER
HERE DID IT COME FROM?
SOME OF EARTH'S WATER MAY HAVE COME FROM COMETS
OR COSMIC HAIL ?
OR
ATER
RTICLES
AY HAVE HUNG
N TO HEAVIER PARTICLES
S EARTH FORMED

QUESTION / 70

기후 변화가 해류를 변화시킬까?

바다가 전 지구를 순환하는 흐름을 '대양 대순환 해류Ocean Conveyor Belt'라고 부른다. 물 한 방울이 대양 대순환 해류를 타고 전 세계를 구석구석 여행하는 데 약 1천 년이 걸린다고 추정한다. 적도와 극지방의 기온과 수온 차이, 우세한 바람의 방향, 염류 농도 차이, 물의 밀도 차이, 바닷물을 잡아당기는 지구 중력의 미묘한 차이가 해류를 만들어낸다.

과학자들은 북대서양의 대양 대순환 해류가 '작은 빙하기'라고도 부르는 1만 1,000~1만 2,000년 전 신(新)드리아스Younger Dryas기, 즉 '빅 프리즈Big Freeze' 기간에 멈췄던 것으로 추정한다. 그들은 또 북미의 오래되고 거대한 빙하 호수에서 민물이 바다로 너무 많이 흘러나와 바닷물의 순환이 중단되면서 지난 1만 2,000년 사이에 가장 극심하고 갑작스러운 기후 변화가 일어났다고 설명한다. 실제로 북반구 대부분 지역에 시베리아와 같은 겨울이 왔고, 북쪽으로 갈수록 한파와 가뭄이 극도로 심해졌다. 인도 지방의 몬순 기후가 사라졌고, 열대우림이 남쪽으로 이동했다. 지금 우리가 계속해서 화석 연료를 태우고 숲을 베어 없애고 공장형 농장을 늘린다면, 갑작스러운 기후 변화가 다시 일어날 수도 있다.

전 지구적 온난화가 일어나면 바닷물과 대기가 유례없이 빠른 속도로 따뜻해지므로 정확하게 어떤 문제가 생길지를 예측할 수는 없지만, 대양 대순환 해류에 이상이 생기리라는 것은 거의 확실하다. 우리는 예전보다 훨씬 짧은 기간에 극심한 기후 변화를 겪고 있고, 지금까지 수집한 데이터를 보면 예측할 수 없는 심해 해류가 더 제한된 경도에 걸쳐서만 순환하는 등 우리가 익히 알고 있던 대기와 해류의 순환 양상이 비정상적으로 서로 어긋나고 있다. 기온이 계속 올라가면 기후가 더욱 예측 불가능해지고 극단적인 환경이 조성될 것이며, 늘어난 에너지로 인해 화산, 폭풍우, 파도, 지진 활동이 더욱 활발해질 것이다.

글 / 그림
빅토리아 키너 박사 / 피에타리 포스티
하와이 호놀룰루 동서문화연구소 / www.pposti.com

QUESTION / 71

괴물 파도는 존재할까?

옛날부터 선원들 사이에서는 높이가 30미터가 넘어서 거대한 선박도 부수어버리고 미리 예측할 수도 없는 '괴물 파도rogue wave'에 관한 전설이 있었다. 수심이 얕고 고립된 만은 거대한 파도를 쉽게 끌어들이는 지형 조건으로 잘 알려졌지만, 먼바다에서 거대한 파도가 발생하는 것을 예측하기는 훨씬 어렵다. 예를 들어 1958년 알래스카의 고립된 리투야 만에서는 지진이 일어나 대규모 해저 산사태가 일었고 파도가 570미터 높이까지 솟은 초대형 쓰나미가 발생했다. 뉴욕의 엠파이어 스테이트 빌딩보다 150미터나 높은 파도였다. 그러나 1995년까지만 해도 과학자들은 먼 바다에 괴물 파도 따위는 존재하지 않는다고 생각했다. 그런데 바로 그해에 북해에서 괴물 파도가 최초로 과학적으로 기록되었다. 지금은 먼바다에서 괴물 파도가 명확한 물리적 원인 없이 거의 정기적으로 발생한다고 알려졌다.

과학자들은 괴물 파도가 발생하려면 몇 가지 조건이 완벽하게 맞아떨어져야 한다고 생각한다. 각기 다른 파장으로 진행하는 파도들이 모이면, 장애물의 모양과 크기와 울퉁불퉁한 해저면 때문에 파도의 에너지가 해안을 향해 밀려가는 파도의 앞부분에 집중되는 '파도 집중'이라는 현상이 생긴다. 여러 파도의 에너지가 집중된 앞부분이 혼돈 이론*이 적용되는 먼바다에서 중첩될 때 거대한 파도가 형성될 수 있다. 연구자들은 비선형 슈뢰딩거 방정식으로 나타낸 파도 집중 모형을 통해 괴물 파도가 발생하는 조건을 계산하고, 실험실 수조 안에서 괴물 파도를 만들어내려고 애쓰고 있다.

여전히 바다에서는 해마다 100척이 넘는 거대 선박이 가라앉는다. 그리고 그중에서 꽤 많은 배가 불가사의한 상황에서 가라앉는다. 과학자와 선원 들은 예전부터 그런 사고의 원인으로 괴물 파도를 의심해왔다.

* 혼돈 이론(카오스 이론)은 초기 조건이 조금만 달라져도 결과가 상당히 다르게 나오는 역학계를 설명하는 이론이다. 혼돈 현상은 베이징에서 나비가 한 날갯짓이 몇 주 뒤 미국에서 허리케인이 발생하는 데 영향을 미칠 수 있다는 '나비 효과'로 잘 알려졌다.

글 / 그림
빅토리아 키너 박사 / 존 헨드릭스
하와이 호놀룰루 동서문화연구소 연구원 / www.johnhendrix.com

QUESTION / 72

물의 분자는 어떻게 생겼을까?

물 분자는 중심이 되는 산소 원자(O)와 수소 원자(H) 두 개가 전자쌍을 하나씩 공유하여 결합한 것이다. 산소 원자에서 공유되지 않은 나머지 전자는 강한 척력으로 서로 밀어내고 수소 원자도 밀어내어, 두 개의 수소 원자는 서로 104.5도의 각도로 벌어져 있다. 물 분자 자체는 전기적으로 중성이지만(총 전하량이 0이다), 공유되지 않은 산소 전자 부근이 부분적으로 음전하를 띠고, 두 수소 원자 부근은 부분적으로 양전하를 띠므로 '극성'이 있다. 이 극성은 모든 물 분자에 똑같이 존재한다. 양전하를 띠는 부분을 양극, 음전하를 띠는 부분을 음극이라고 부른다면, 한 분자의 양극이 다른 분자의 음극을 끌어당겨 '수소 결합hydrogen bonding'이라는 화학결합을 통해 체계적으로 분자 구조를 형성한다. 얼음에서는 이 수소 결합이 균일하고 고정적인 격자 구조를 이룬다. 그런데 액체 상태에 있는 물의 구조에 관해서는 우리가 아직 모르는 구석이 많다.

과거부터 학자들은 액체 상태에 있는 물의 구조와 얼음의 구조가 비슷하고, 다른 점이 있다면 얼음 분자와 달리 물 분자는 계속 움직인다는 점뿐이라고 생각해왔다. 격자 모양으로 느슨하게 배열한 분자들이 각기 수소 결합을 통해 가장 가까운 이웃 분자와 빠른 속도로 붙었다가 결합력이 약해지면 떨어지기를 반복한다는 식으로 이해했던 것이다. 그러나 최근 X선을 이용한 연구 결과, 이전에 알던 것과는 다른 분자 배열이 발견되었다. 이것은 X선을 최초로 발견한 빌헬름 뢴트겐Wilhelm Röntgen이 1892년 주장했던 배열이기도 하다. 일부 과학자는 물 분자가 격자형 외에도 선형이나 고리형으로 배열할 수 있다고 생각한다. 물 분자가 배열하는 방식이 몇 가지나 있는지, 각 방식의 배열이 얼마나 안정하며 얼마나 빈번한지에 대해서는 아직 논의 중이지만, 확실한 것은 물의 구조가 우리가 생각했던 것보다 훨씬 다채롭고 역동적이라는 사실이다.

글 / 그림
데이비드 카플란 박사 / 해리 W. 캠벨
플로리다 주립대학 생태수문학 연구실 박사 후 연구원 / www.drawger.com/hwc

13.
0
0
4
9.
2
16.

QUESTION / 73

구름 속 물방울은 왜 얼지 않을까?

강물, 우물물, 샘물, 수돗물은 우리가 물의 어는점freezing point으로 알고 있는 섭씨 0도에서 언다. 이 물에는 흙이나 공기 속 광물에서 떨어져 나온 농도 100만 분의 1 수준의 불순물이 들어 있다. 지구에서 멀리 떨어진 구름 속 물방울과 수증기는 불순물이 없는 순수한 물이다. 불순물이 없는 물은 온도가 섭씨 0도 이하로 내려가도 얼지 않고 액체로 존재한다. 이것을 '과냉각수supercooled water'라고 한다.

구름은 우리 눈에 다 똑같아 보이지만, 구름 속 상태는 제각기 다르다. 과학자들은 비행기를 타고 구름 속을 통과하고, 실험실에서 작은 구름을 만들어보고, 컴퓨터 시뮬레이션으로 구름을 재현하면서 구름이 어떻게 커지고 언제 어디서 물방울이 어는지, 그에 대한 가설을 세운다. 그렇다면 구름 속 물방울은 어떻게 만들어질까? 다음과 같은 과정을 거친다. 구름의 아랫부분 온도는 보통 섭씨 0도보다 높지만, 지표면에서 높이 올라갈수록 대기 온도가 낮아진다. 구름 속 공기 온도가 약 영하 4도가 되면, 순수한 물의 방울이 에어로졸 입자와 만나면서 얼기 시작한다. 구름 속 물방울은 영하 12도가 되면 꽤 많이 얼고, 영하 15도가 되면 대부분 얼고, 영하 40도가 되면 모두 언다. 언 물방울이 다른 과냉각 물방울을 흡수하여 커지고 무거워지면 지구로 떨어지고 온도가 섭씨 0도보다 높아지는 순간에 녹아서 빗방울이 된다.

인간은 비행기로 요오드화은 응결핵을 적운에 뿌려서 비를 내리게 하는 현장 실험을 60년 넘게 해왔다. 요오드화은 응결핵은 물방울이 빨리 얼게 하고 몇 단계의 물리적 연쇄 반응을 통해 강우량을 늘린다고 여겨진다. 하지만 이런 인공 강우 작업을 하면 이전보다 비가 더 많이 내린다는 과학적 증거는 없다.

글 / 그림
냅시 웨스코트 박사
일리노이 주립대학 프레리 연구소 수자원분과 연구원, 기상학자
징 웨이
www.jingweistudio.com

QUESTION / 74

눈송이는 왜 저마다 모양이 다를까?

눈송이는 작은 먼지나 불순물 입자에 붙은 물방울로 이루어진 구름 속에서 생성되기 시작한다. 이 물방울은 증발하여 구름 속에서 수증기가 되고, 이 수증기는 아주 낮은 온도에서 '증착deposition' 과정을 통해 액체 상태를 거치지 않고 곧바로 얼음이 된다. 그렇게 미세한 얼음 결정이 점점 자라서 무거워지면 아래로 떨어지는 것이 바로 눈송이다.

우리는 흔히 눈송이를 매우 정형적이고 정교한 육각형 얼음 결정으로 알고 있지만, 실제로 그렇게 완벽한 형태의 눈송이는 드물다. 눈송이는 육각형 판 모양일 때도 있고, 바늘처럼 길고 얇은 모양일 때도 있으며, 땅딸막한 육각 기둥 모양, 속이 빈 기둥 모양 등 그 모양이 매우 다양하다. 게다가 꽤 많은 눈송이가 딱히 모양이라고 할 것도 없고, 육각형의 대칭성도 없는 엉성한 모양으로 되어 있다.

눈송이의 모양은 주로 수증기가 얼음으로 변하는 시점의 온도와 습도에 따라 결정된다. 습도가 낮으면 주로 납작한 판이나 기둥 모양이 만들어지고, 습도가 높으면 여섯 가닥이 복잡하게 뻗어 나간 모양이 만들어진다. 습도가 같은 상태에서 온도가 섭씨 0도일 때에는 주로 판형이 생기고, 온도가 내려가면서 기둥형이 생겼다가 온도가 더 내려가면 다시 판형이 생기는 식으로 영하 30도까지 판형과 기둥형이 교차하여 나타난다. 온도가 조금만 변해도 왜 그렇게 모양이 달라지는지는 아직 아무도 모른다.

눈송이는 왜 저마다 모양이 다를까? 눈송이는 구름과 지표 사이에서 온도와 습도가 광범위하게 달라지는 무수히 많은 미기후(微氣候)microclimate를 통과하여 떨어진다. 여러분의 코에 앉은 눈송이의 최종적인 모양은 그것이 어떠어떠한 미기후들을 통과했는지에 따라 결정된다. 눈송이가 지나가는 경로는 무수히 많고 예측할 수 없으므로 두 눈송이가 똑같은 환경을 통과할 확률은 거의 없다. 따라서 모든 눈송이는 저마다 모양이 다르다.

글 / 그림
앤드류 밀러 박사 / 로만 클로네크
물을 연구하는 화학자 / www.klonek.de

QUESTION / 75

토네이도의 소용돌이는 어떻게 만들어질까?

토네이도가 생기려면 구름이 있어야 한다. 토네이도가 생기는 구름의 종류는 뭉게구름, 즉 적운(積雲, cumulus cloud)이다. 우리는 적운이 천둥·번개와 비, 우박을 몰고 온다고 알고 있다. 적운의 면적이 수 제곱미터를 넘으면 '슈퍼셀supercell'이라고 부른다. 그리고 이 슈퍼셀이 때로 토네이도를 만들어낸다.

토네이도란 적운의 아랫부분에서 시작한 바람기둥이 아래로 길게 뻗은 회오리바람이다. 이 바람기둥이 지표면에 닿으면 '토네이도'라고 부르고, 닿지 않으면 '깔때기 구름'이라고 부른다.

지표면의 바람 속도가 느리고, 높은 상공(예를 들어 300미터 높이)의 바람 속도가 빠를 때 토네이도를 만드는 회오리바람의 기둥이 생긴다. 이처럼 위와 아래의 바람 속도 차이가 회전하는 움직임을 만들어내는 것이다.

토네이도의 생성 과정을 설명하는 대표적인 세 가지 이론이 있다. 첫 번째 이론을 이해하려면 구름이 어떻게 생기는지를 알아야 한다. 그다음에는 수평으로 굴러가던 공기의 움직임이 어떻게 90도 회전하여 수직 방향의 회오리바람 기둥이 되는지도 알아야 한다.

지표면 바로 위의 공기가 그 위쪽 공기보다 더워져서 공기의 대류가 일어나면 적운이 커지기 시작한다. 그리고 적운이 위로 올라가면서 더운 공기가 식고 수증기가 응결한다. 추운 겨울날 숨을 쉬면 작은 구름 같은 입김이 나오는 것과 같은 현상이다. 날숨에 들어 있는 수증기가 찬 공기에 부딪혀 물방울로 변해서 작은 구름처럼 보이다가 곧바로 공기에 섞이면서 시야에서 사라진다. 구름도 이 같은 과정으로 만들어지고, 계속 대류가 일어나면서 하늘로 점점 더 높이 올라간다.

낮에는 해가 나서 지표면을 데우므로 수평으로 굴러가는 공기층이 대류 순환에 참여한다. 이 공기층은 대류로 인해 일부가 위로 올라가고 일부가 지표면 가까이 남는 바람에 기울어질 수 있다. 마치 통나무 한쪽 끝을 들어올리면 다른 쪽 끝이 여전히 바닥에 닿아 있어 통나무가 비스듬히 기우는 것과 같다. 이처럼 공기층이 일부 위로 올라가면서 전체적으로 기울어지면 두 가지 현상이 일어난다. 첫째, 굴러가는 공기층이 수직 방향으로 일어선 회오리바람의 기둥이 된다. 둘째, 대류로 인해 생긴 구름이 회전하는 공기 기둥을 품는다.

회전하는 공기 기둥이 어떻게 토네이도가 되는지를 설명하는 이론으로 '역동적 파이프 효과' 이론이 있다. 이 이론을 요약하자면 이렇다. 바람기둥이 점점 더 빨리 회전할수록 모양이 마치 파이프처럼 되어 기둥 옆면이 아니라 양 끝으로만 공기가 들어갈 수 있게 된다. 이때 기둥의 윗부분은 적운의 아랫부분과 연결되어 막혀 있으므로 기둥 아래로만 공기가 들어가기 때문에 기둥 전체가 아래 방향으로 길어진다. 그리고 파이프의 아래쪽 끝, 즉 토네이도가 빨아들인 공기는 회전하기 시작한다. 이처럼 공기가 안으로 점점 더 많이 들어가고 아래쪽 끝이 지면에 닿을 때까지 기둥은 점점 더 길어진다.

두 번째 이론은 바람과 바람이 정면으로 충돌할 때 토네이도가 생긴다는 '수렴 이론'이다. 서로 맞부딪친 바람이 지표면에서부터 하늘 높은 곳까지 걸쳐 있다면 수천 미터 높이의 회전하는 공기 기둥을 품은 뇌우나 슈퍼셀이 생길 수 있다. 이런 종류의 토네이도는 매우 빠른 속도로 생성된다.

세 번째 이론에서는 일부 슈퍼셀에서 매우 건조한 공기층이 지표면을 향해 아래로 밀려 내려가는 현상에 주목한다. 이렇게 침강하는 공기층은 슈퍼셀이 진행하는 방향(보통 북동쪽이나 동쪽)과 반대 방향(남서쪽이나 서쪽)에 있기에 이를 '후측방 하강기류rear flank downdraft; RFD'라고 부른다. 후측방 하강기류가 회전하는 공기 기둥을 둘러싸고 회전을 가속화하면서 기둥을 지표면 쪽으로 내려보내면 토네이도가 생긴다. 기상학자들은 후측방 하강기류가 토네이도 생성에서 하는 역할을 더욱 상세히 밝히려고 지금도 연구를 계속하고 있다.

글 / 그림
오스틴 L. 둘리 박사 / 존 한
뉴욕 퍼처스 대학 강의전담교수 / www.jon-han.com

과학자 찾아보기

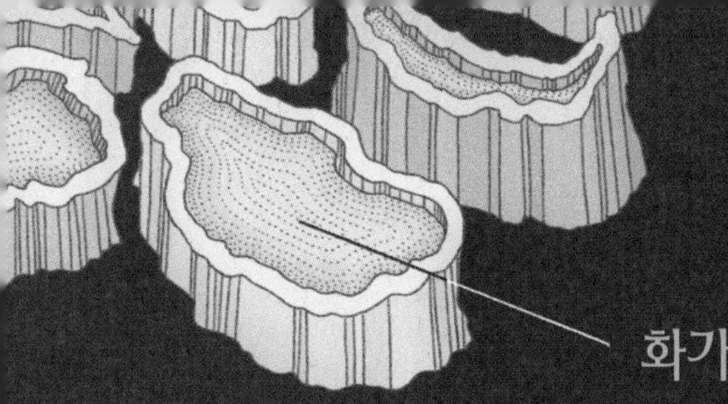

화가 찾아보기

주제어 찾아보기

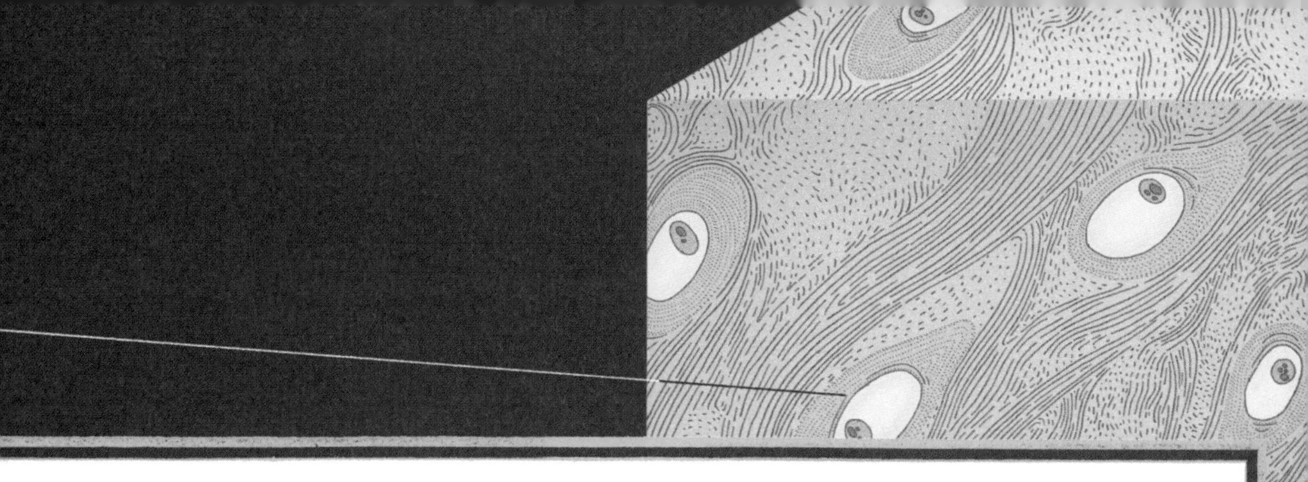

감사의 말

이 책은 많은 사람이 함께 작업한 결과물이므로 고마움을 전할 분들이 대단히 많습니다.

담당 편집자 브리짓 왓슨 페인, 디자인 총괄자 브루크 존슨은 작업 전반에 걸쳐 유용한 피드백을 주고 열정적으로 우리를 격려하며 도와주었습니다.

샌프란시스코 크로니클 출판사의 끈기 있고 철저한 교열자들과 부지런한 직원들 덕분에 책 작업이 매끄럽고 즐겁게 진행되었습니다.

과학 분야 공식 기획자로 활약하며 우리를 도와준 메그 스미스는 세 개의 주제에 관해 원고를 쓰는 일 외에도 과학자 수십 명을 섭외하고 본문의 사실 여부를 확인하고 작업이 끝난 뒤에도 사후관리 이메일을 쓰느라 고생했습니다.

줄리아 로스먼의 언니 제시카 로스먼은 우간다에서 고릴라들과 노니는 와중에도 인류학에 관해 글을 써 줄 과학자들을 섭외해 주었습니다.

하와이에 사는 빅토리아 키너는 일광욕을 즐겨야 할 시간을 할애하여 세 개의 주제에 관해 원고를 썼고 우리에게 여러 과학자를 소개해 주었습니다.

팀 리카스와 미헌 크리스트는 막판에 나타나서 마지막까지 남아 있던 주제인 정신의 신비를 글로 표현해 주었습니다.

다음 과학자들은 소중한 시간을 들여 각각 세 개의 주제에 관해 원고를 집필했습니다.

- 알렉산더 거션슨(알렉산더는 유치원 시절 제니 볼봅스키를 료드카로부터 구해 주었고 지금은 기업들이 이산화탄소 배출량을 줄이는 데 도움을 주면서 세상을 구하고 있습니다)
- 루시아 제이콥스(루시아는 아주 작은 생물체의 심리에 관한 깊은 통찰을 전해주었습니다)
- 브레트 마로킨(브레트는 예일대학 박사과정 중에 용감하게도 꿈과 우울증과 동성애에 관한 원고를 썼습니다)
- 브라이언 야니(브라이언은 국립 페르미 가속기 연구소에서 입자들을 충돌시키는 와중에 블랙홀, 빅뱅, 별의 기원에 관한 원고를 썼습니다)

다음 분들은 우리에게 친구, 지인, 가족의 연락처를 알려주었고 이분들을 통해 이 책의 제작에 참여할 과학자와 화가 들을 찾았습니다. 베키 올드리치, 아나 베나로야, 한나 버먼, 제이슨 카시디, 베스 칼라드, 폴 시트린, 애비 코언, 리사 콩돈, 시오반 둘리, 마리아 디무, 유제니아 에트키나, 벤 파이너, 로렌 나세프, 브렌던 피커, 블레어 리차드슨, 메릴린 슈와이처, 미하일 세메노프, 카티아 세미요노바, 질 보겔, 비키 볼봅스키, 힐러리 위더먼, 데이브 재킨, 제이미 졸러스.

우리가 과학자들에게 제시할 아이디어와 질문을 자유롭게 떠올릴 수 있게 도와주고, 저녁 식사를 준비해 준 가족들에게 고마움을 표합니다. 특히 과학 분야에서도 아직 완전히 밝혀지지 않은 의문들에 초점을 맞출 것을 제안한 제니 볼봅스키의 어머니에게 감사합니다.

구글에도 감사합니다.

그리고 위에서 이름을 다 언급하지 못했지만 이 책을 만드는 데 참여한 모든 과학자와 화가에게 고마움을 전합니다.

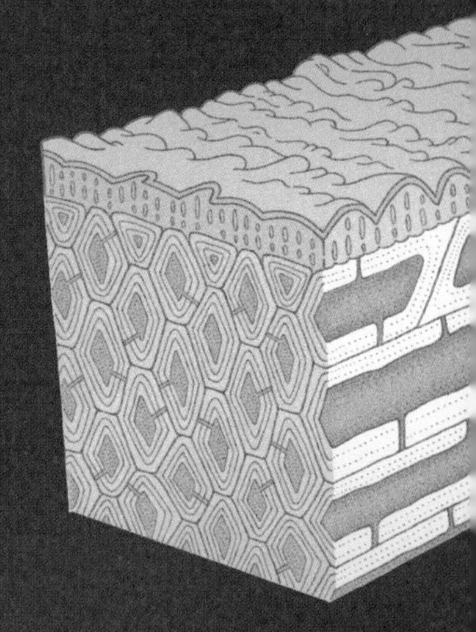

제니 볼봅스키, 줄리아 로스먼, 매트 라모스는 시카고와 뉴욕에 거점을 둔 디자인 회사 ALSO의 공동 대표다. ALSO는 30세 이하의 젊은 디자이너에게 주는 ADC 영건스 상을 비롯하여 많은 상을 받았다.

제니 볼봅스키

시카고에서 활동하는 그래픽 디자이너. 러시아에서 태어나 10세에 미국으로 이주했다. 블로그 http://www.from-cover-to-cover.com에서 자신이 읽은 책의 표지를 새롭게 디자인한 작업을 꾸준히 소개하고 있다.

줄리아 로스먼

뉴욕에서 활동하고 있는 일러스트레이터이자 패턴 디자이너. 잘 알려지지 않은 책의 디자인을 소개하는 인기 블로그 http://book-by-its-cover.com을 운영하고 있다. 지금까지 지은 책으로 『아티스트의 스케치북』, 『헬로 뉴욕』 등이 있다.

매트 라모스

시카고에서 활동하는 일러스트레이터이자 애니메이션 제작자. 로드 아일랜드 디자인 학교(RISD)에서 애니메이션을 전공하던 중에 볼봅스키와 로스먼을 알게 되었고, 졸업 후에 디자인 회사 ALSO를 함께 운영하고 있다.

데이비드 맥컬레이

영국의 버튼 온 트렌트에서 태어났다. 어린 시절 미국으로 이주하여 로드 아일랜드 디자인 학교(RISD)에서 건축을 공부했다. 프리랜서로 일러스트와 그래픽 디자인 일을 하면서 유럽을 열심히 여행 다닌 끝에 첫 번째 책 『고딕 성당』을 냈다. 이후 세계적인 명성을 얻었고, 『고딕 성당』과 『성』은 칼데콧 아너 상을 받았다. 그 외에도 『안젤로』, 『도시』, 『피라미드』, 『미스터리 호텔』 등의 작품이 있다. 디자인이 훌륭하고 정보를 정확히 전달하는 것으로 유명한 그의 저서는 미국에서만 수백만 권 팔렸고, 10여 개국 언어로 번역되었다. 2006년 맥아더 창작기금을 받았다.

옮긴이 _ 권예리

미국에서 물리학 석사학위를 받고 서울대학교 약학대학을 졸업했다. 자연과학과 의약학 관련 분야의 좋은 책을 소개하는 데 관심이 많다. 옮긴 책으로 『정신병동 이야기』, 『과학 이야기-거짓말, 속임수 그리고 사기극』 등이 있다.